KB270128

클래식 선물포장

예신 Books

현대를 일컬어 색의 홍수시대라고도 하는 사람들이 있다. 새로운 유행이 나타나는 것처럼 색들도 점점 현란해지고 있는 것이다. 너무 많은 색으로 인해 오히려 눈에 들어오지 않는 요즈음의 색을 보면서 옛 조상들이 사용했던 색을 떠올려본다.

우리 조상들이 사용했던 색은 은은하고 기품이 느껴지는 색들이 많다. 우리에게는 '오방색'이라는 색의 어울림이 있는데, 과학적인 수치를 근거로 하는 서양의 색 체계와는 달리 오방색은 천지만물의 조화를 중히 여기는 것으로 삶의 지혜가 그대로 묻어나 있다. 선물 포장을 원하는 현대의 우리들에게도 시사하는 바가 크다.

하루가 바쁘게 다른 포장기법을 만들어내고 새로운 포장재들이 선보이는 요즈음, 새롭고 현대적인 것도 좋지만 옛 우리의 조상들에게서 한 수 배워보는 것은 어떨까? 『클래식 선물포장』은 한지와 보자기를 이용한 포장법으로 옛 것에 대한 향수와 새로움에 대한 호기심을 같이 풀어보았다. 독보적인 조형감각과 조화로운 색감의 보자기, 우아하고 자연스러운 멋의 한지를 이용해 옛 여인의 향기와 같은 영원한 아름다움을 표현해주고자 했다.

한동안 우리에게서 멀어진 것처럼 느껴지기도 했던 한지가 요즈음은 다양한 방법으로 이용되고 있다. 선물 포장 역시 새로운 디자인과 감각적인 포장의 세계를 보여주고 있다. 보자기 하나에도 기복(祈福)의 마음을 담아 전했던 조상들에게서 선물 포장의 참된 의미를 배울 수 있다.

이 책이 나오기까지 오랜 시간 함께한 모든 분들에게 마음에서 우러나오는 감사를 전한다.

김혜정, 최재연

bijou.empas.com/bijou434

contents

1

한지포장

가장 한국적인 느낌을
생활 속으로… I

셔츠, 블라우스

넥타이, 지갑&벨트

내의, 상품권

손수건, 실크 스카프

청사초롱, 서류 봉투

양말, 손가방, 코사지

셔 츠 포 장

청색계의 색은 오방색에서 봄을 뜻하는 색으로 생명력과 깊은
관련이 있다. 은행잎 또한 제약회사와 화장품 회사에서 숱하게
연구가 이루어질 정도로 효용성이 높다.
선물 포장 하나에도 이런 의미를 담는다면 보내는 이의 마음이
더욱 잘 전달될 수 있지 않을까.

재료 박스, 셔츠, 한지, 양면 테이프, 칼

01 디자인한 포장법에 맞도록 재단한 한지 위에 셔츠 상자를
   올려 놓는다.

02 셔츠 상자 높이를 반으로 접어 고정시키고 시접과 양쪽 높
   이 부분까지 깔끔하게 마무리한다.

03 폭 3cm, 길이 6cm의 서로 다른 한지를 머리 땋듯이 접는다.

04 3의 띠를 중심에 두르고 서로 다른 크기의 딱지를 중심에
   붙여 장식한다.

블 라 우 스 포 장

웃어른들에게 블라우스나 스웨터를 선물할 때는
품위를 잃지 않으면서도 눈에 띄게 포장하는 것이 좋다.
대비를 이루는 배색과 딱지 모양·주머니 모양의
액세서리를 만들어 붙여 한지의 은근한 아름다움과
포인트가 눈에 띄는 포장법이다.

재료 블라우스, 서로 다른 한지, 양면 테이프, 칼

01 문양이 들어간 옅은 색 한지에 블라우스 상
자를 올리고 양쪽 높이가 같게 고정시킨다.

02 남은 포장지가 박스 밑 중앙에 오도록 시접
을 고정시키며 포장한다.

03 2의 한지와 대비되는 색의 한지를 한 바퀴
둘러준다.

04 3의 포장지의 끝부분을 삼각형으로 접어 중
심 부분에서 맞닿도록 한다.

05 작은 딱지와 주머니를 만들어 붙여 장식한다.

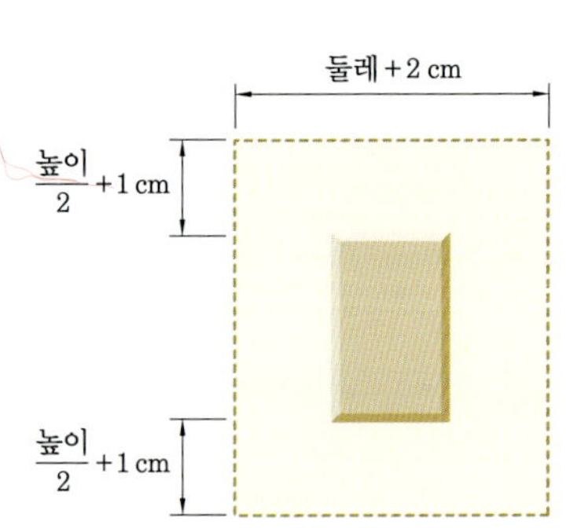

블라우스포장

블라우스포장

블 라 우 스 포 장

가장 강한 기운을 내뿜는 색인 빨간색은 많은 의미를 담고 있다.
태양을 상징하는 기운을 가져 신성함과 열정, 생명과 죽음을 동시에
담고 있다. 장식으로 함께 사용한 노리개 역시 옛 여인들의 행복관을
담고 있는 것으로 지긋한 여성들에게 선물하면 좋을 것이다.

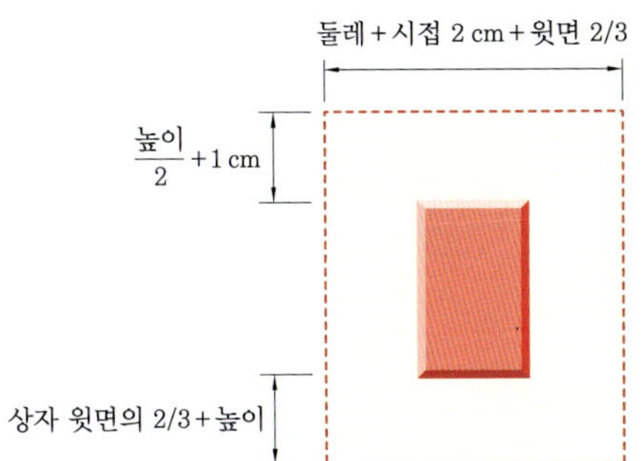

재료 블라우스, 비단한지, 노리개, 매듭끈, 칼, 양면 테이프

01 재단한 한지 위에 상자를 중심에서 약간 1/3쯤 옆으로 박스
　 를 놓고, 윗면 상자 높이를 남기고 아래에서 접어 올린다.
02 겹치는 부분 모서리를 중심으로 90°가 되게 꾹 눌러 차례로
　 접어준다.
03 한복 저고리 모양으로 접은 다음에 동정을 만들어 붙인다.
04 매듭끈으로 마무리한 다음 노리개를 달아준다.

넥타이 포장

재료 넥타이, 한지, 매듭끈, 문양, 칼, 양면 테이프

01 디자인한 포장법에 맞게 자른 한지 위에 넥타이 상자를 올린다.

02 일반적인 캐러멜 포장법으로 기본 포장을 하고 가운데 진한 색의 띠를 두른다.

03 상자길이 + 상자폭만큼 재단한 진한 색의 한지를 사선이 되도록 붙여준다.

04 중심 부분에 문양을 오려 붙인다.

05 매듭실을 반복해서 둘러 위를 묶은 다음 노리개를 연결하여 마무리한다.

유사색은 부드러움과 우아함을
느끼게 하는 배색법으로
갈색톤의 유사 배색은
클래식하고 고상하며 전통적인
이미지를 준다.
이런 고전적인 색의 배색은
마음의 풍요로움과 따뜻한
인간애를 느끼게 하므로
존경을 표하고 싶은 분에게 드릴
선물을 포장하여 드리면 좋다.

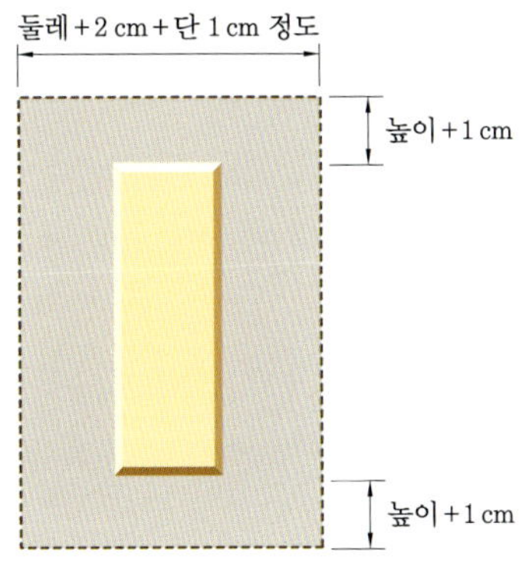

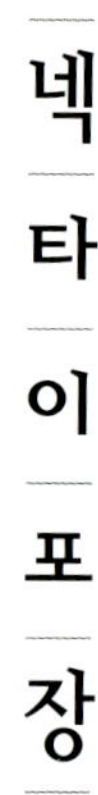

넥타이포장

재료 넥타이, 다른 색의 한지 두 장, 수 문양, 매듭끈, 칼, 양면 테이프

01 연한 색의 한지로 기본 포장을 한다.

02 진한 색의 다른 한지를 중심 부분에 19㎝ 정도 남기고 양쪽으로 붙인다.

03 높이 부분과 모서리 부분 처리를 해준다.

04 매듭실을 두 겹으로 겹쳐 V자 타이로 묶어준다.

05 중심 부분에 수 문양을 포인트로 붙인다.

옛말이 새겨진 한지는
역사와 함께 세월의
깊이감, 사용하는 사람의
격조가 느껴진다.
두 가지 색의 한지로
화려하고 우아한
노리개를 달아준다.

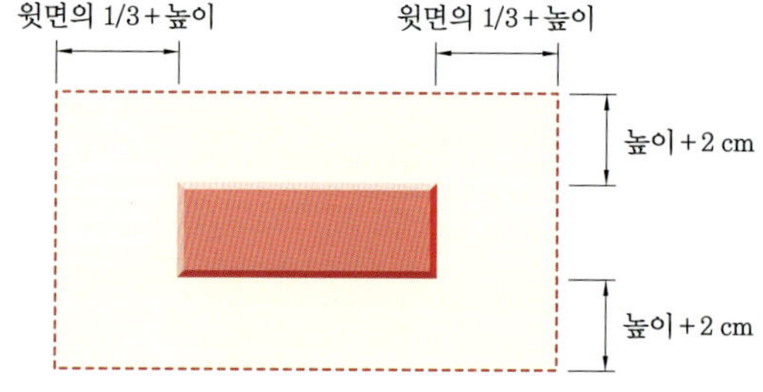

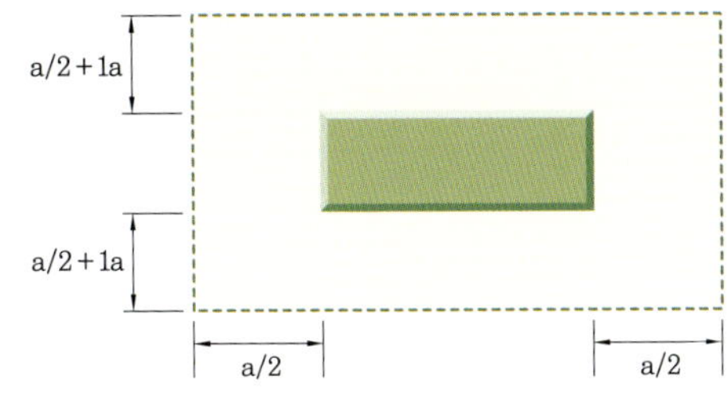

지갑 & 벨트 포장

고마움을 전해야 할 이들이 많을 때, 제일 먼저 하게 되는
것이 어떤 선물을 준비해야 좋을까 하는 문제일 것이다.
흔한 선물이라도 포장에 조금만 정성을 담아본다면 세상에
하나 밖에 없는 한 사람만을 위한 선물이 되지 않을까.

재료 지갑 or 벨트, 한지, 장식, 칼, 양면 테이프

01 재단한 한지 위에 지갑 상자를 올려놓고 긴
   쪽 양 끝을 접어 윗부분에 고정시킨다.

02 상자면에 맞게 한쪽씩 90°가 되도록 안쪽으
   로 접어 위로 올려 접어준다.

03 접은 부분에 단 5㎝를 위에 길게 고정한다.

04 나머지 양쪽에 접힌 부분을 단 위에 고정시킨다.

05 폭 3㎝, 길이 30㎝ 정도의 한지 3장을 잘라
   머리 땋듯 땋아서 상자 위에 고정시킨다.

06 양쪽 끝에 장식을 달아 마무리한다.

내
의
포
장

재료 내의, 두 가지 색 한지, 매듭끈, 칼, 양면 테이프

01 문양이 있는 포장지로 기본 캐러멜 포장을 해준다.

02 민무늬 포장지로 3㎝ 정도의 띠를 만들어 네 귀퉁이마다 붙여준다.

03 같은 포장지를 폭 10㎝, 둘레 10㎝로 잘라 중앙 부분에서 약간 여유를
남기고 감싼다.

04 3의 포장지를 주름을 잡아 나비 모양으로 만들어 가운데를 묶는다.

05 가볍게 매듭끈을 묶어 마무리한다.

첫 월급을 받으면 제일 먼저
챙기게 되는 것이 부모님께 드릴
내의 선물이다. 생활 습관 등이
달라지면서 내의에 대한 소용이
예전하고는 다르지만 내복은
우리에게 여전히 여러 상징성을
가진 것이다. 곱게 포장한 내복을
드린다면 따뜻한 그 마음이
한결 더 잘 전달될 것이다.

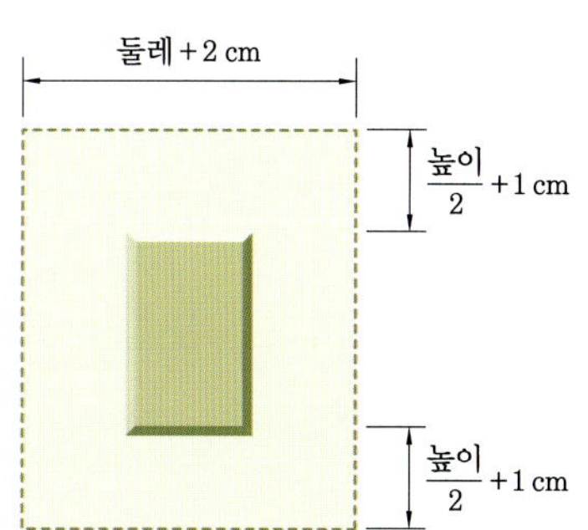

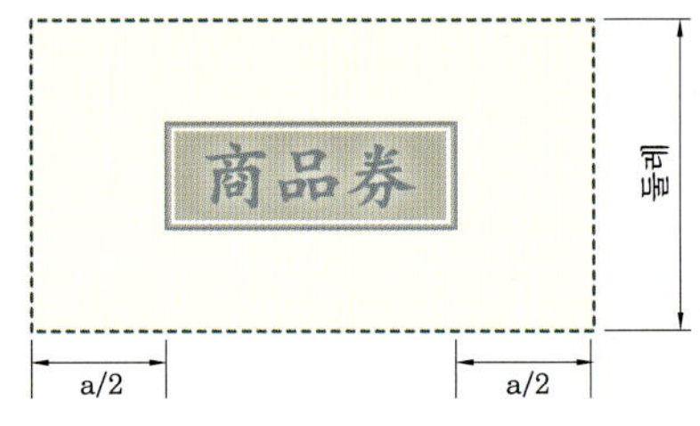

재료 상품권, 서로 다른 한지, 칼, 양면 테이프

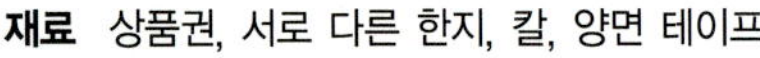

01 여유 두고 자른 한지에 상품권을 싼 후 다른 한지로 둘레를 한 번 더 감싸 고정한다.
02 양쪽 길이 부분을 반씩 접어준다.
03 2의 접은 포장을 상품권 위에 서로 맞대어 접는다.
04 다른 색의 한지로 끈을 만들어 돌려 장식을 만들어 둔다.
05 한지로 만든 끈으로 상품권을 길이대로 한 번 두른다.
06 만들어 둔 장식을 가운데 붙여 마무리한다.

예전에는 생활에 필요한 것들이
가장 좋은 선물이었으나 요즘엔 받는
사람의 필요한 것이 좋은 선물이다.
그런 의미에서 볼 때 상품권만한
선물이 없으나 성의없이 보이기도 한다.
하지만 한지를 이용하여 색다른
포장을 한다면 실속은 물론 마음까지
전달할 수 있다.

손수건 포장

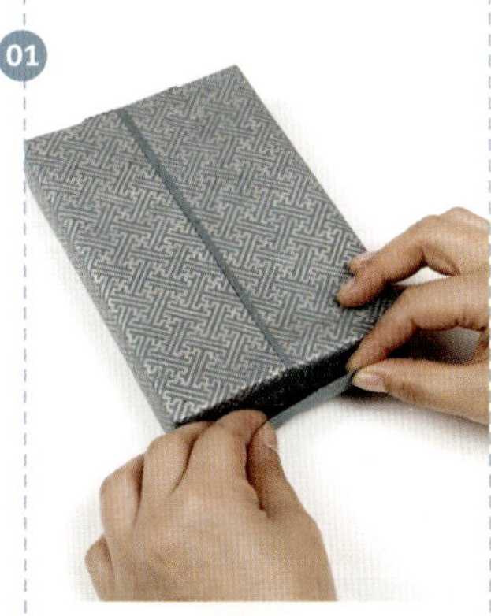

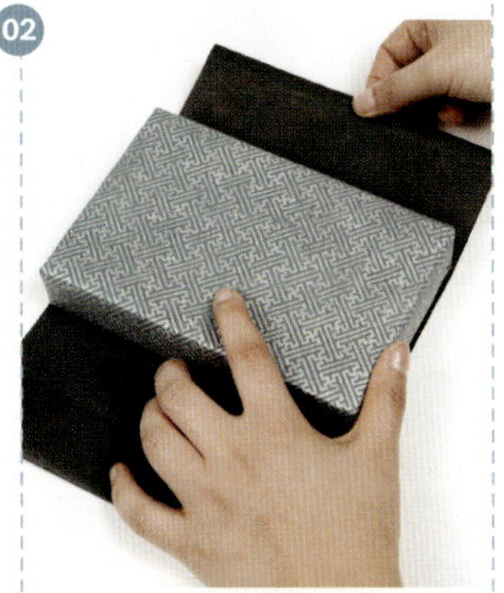

재료 손수건, 서로 다른 한지, 매듭끈, 장식, 칼, 양면 테이프

01 문양이 있는 포장지로 기본 캐러멜 포장을 한다.
02 양면의 색이 다른 한지로 한 번 더 감싼다.
03 5㎝ 간격을 두고 종이를 접어 대문 모양을 만든다.
04 중간 중간 매듭을 지어가며 끈을 둘러 밋밋함을 줄이고 두 줄로 묶어준다.
05 가운데 장식을 붙여 꾸며 완성한다.

01

02

03

04

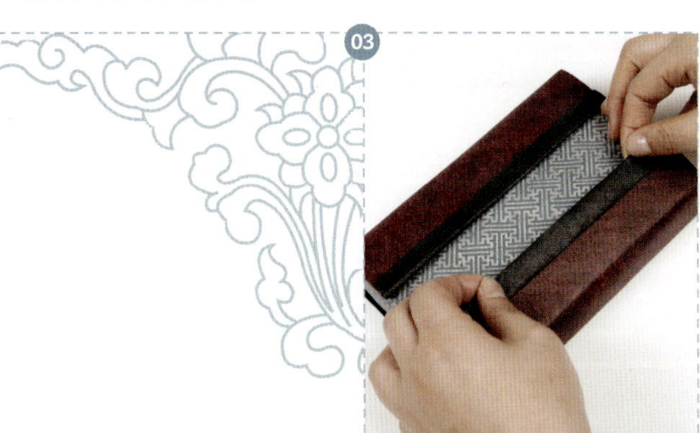

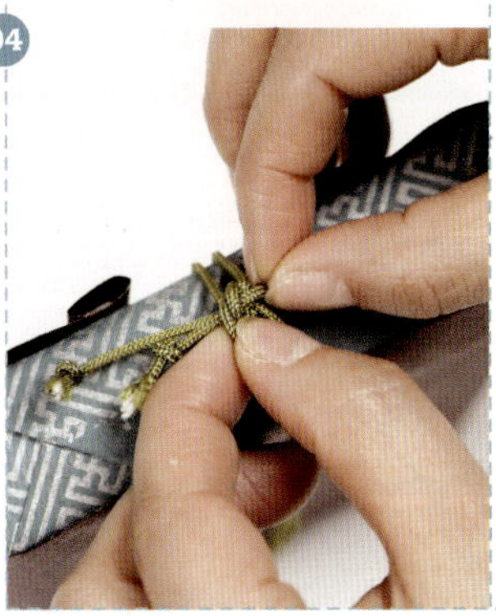

차분한 색조의 한지와 우아한 노리개를 사용하여 우리 전통 한옥의 대문 같은 느낌이 나는 포장을 하여 선물의 가치를 한층 높여보았다.
선물은 때로 이렇게 성의 있는 포장만으로도 그 가치가 한결 높아진다.

05

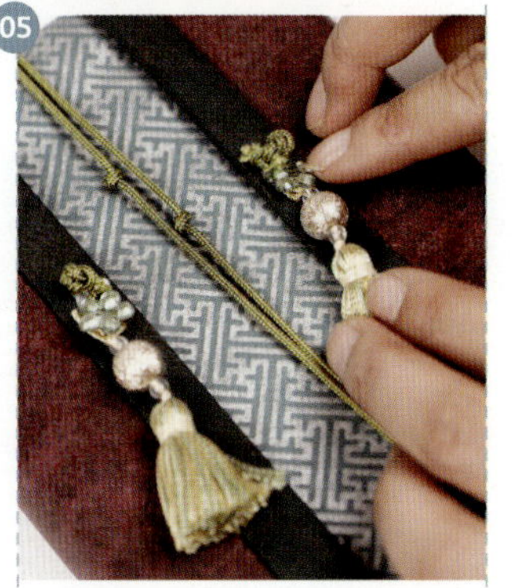

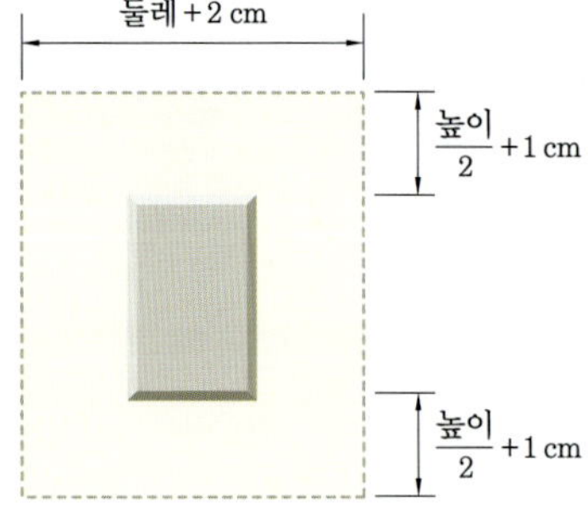

실 크 스 카 프 포 장

고급스럽고 우아한 분위기의 실크 스카프는 어떻게
포장하느냐에 따라 천차만별 그 느낌이 달라질 수 있다.
요란한 포장을 하기 보다는 전체적으로 엘레강스하고
고급스러운 보라 색감의 잔잔한 문양의 한지와 약간은
화려한 느낌의 리본을 매치해 감각 있게 연출을 해보았다.

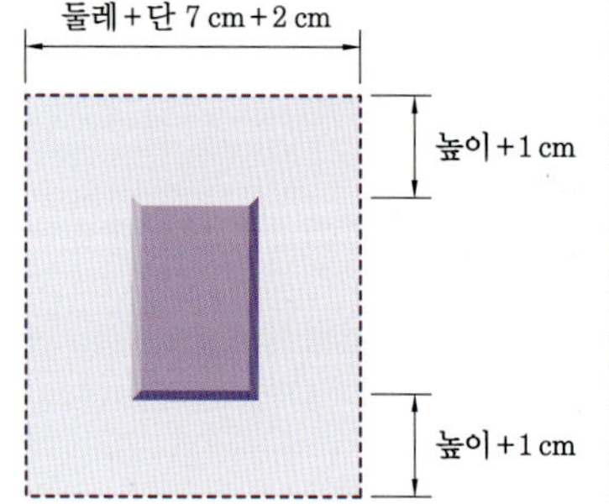

둘레＋단 7 cm＋2 cm

높이＋1 cm

높이＋1 cm

재료 실크 스카프, 한지, 리본, 매듭, 칼, 양면 테이프

01 기본 캐러멜 포장법으로 실크 스카프 상자를 포장한다.
02 둘레를 고정시키고 단을 접어 상자 윗부분에 고정시켜 준다.
03 리본을 한쪽으로 약간 치우쳐 간격을 두고 세 줄로 붙인다.
04 빈 공간에 매듭으로 장식하여 효과를 낸다.

실크 스카프 포장

청사초롱포장

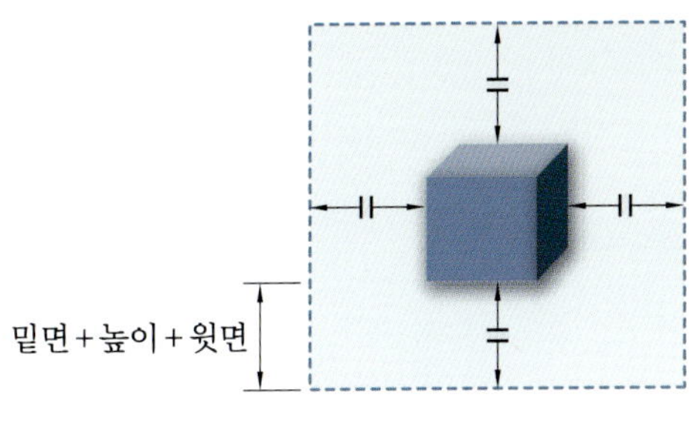

청사초롱포장

재료 정사각 상자, 서로 다른 한지, 매듭실, 장식, 칼, 양면 테이프

01 상자면에 맞춘 긴 직사각형 한지를 두 장 준비하여 교차하여 놓는다.

02 중심에 상자를 놓고 한쪽씩 붙여간다.

03 한 면씩 삼각형이 되게 접은 다음 한 번 더 접어준다.

04 다 접었으면 시작했던 부분에 끼워 넣는다.

05 초승달 모양으로 한지를 오려 돌려가며 붙여준다.

06 매듭실을 모서리 부분에 붙이고, 네 면에 장식을 달아 꾸며준다.

어둠을 밝히는 등불인 청사초롱을
응용한 포장법이다.
음(청색), 양(홍색)의 조화를 이루는
청사초롱은 새살림을 밝게
인도하라는 뜻으로 혼례에 주로
쓰이던 등불이다.
꼭 그런 의미가 아니더라도
청사초롱은 그 자체의
색의 조화만으로도 포장법의
훌륭한 모티브가 될 수 있다.

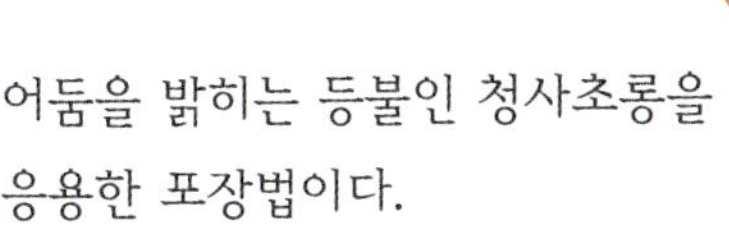

우리는 일을 할 때 다양한 종류의 서류를
두루 접하게 된다.
무뚝뚝하고 재미없는 서류 케이스 때문에
잠시 옆으로 밀쳐 두었던 경험이 있는 사람이라면
한지와 노리개를 이용해 한국적인
서류 케이스를 만들어 써보자.
보내는 이나 받는 이 모두 즐겁게 일할 수 있는
계기가 되어줄 것이다.

둘레×2+5cm

서류길이 1/2

서류길이 1/2

재료 서류, 한지, 청실, 홍실, 노리개, 칼, 양면 테이프

01 서류 크기에 맞게 한지를 접어둔다.
02 1의 한지에 서류를 올려 접는다.
03 서류를 열어보기 편하도록 한쪽으로 5㎝ 정도 여유를 두고
   한지를 접는다.
04 청·홍실로 묶어주고 노리개를 달아 꾸며준다.

양말포장

양말 포장

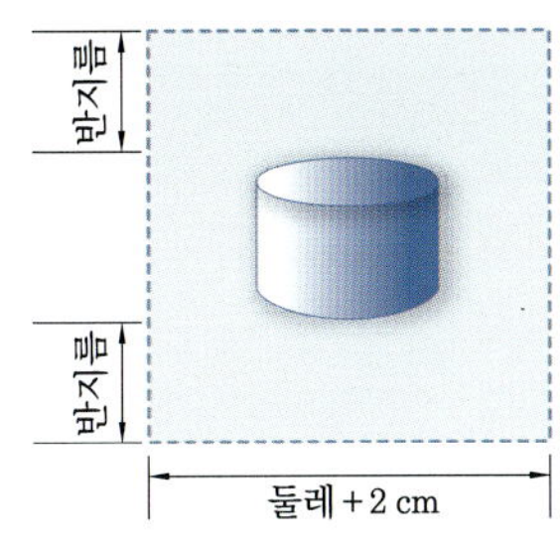

재료 원통, 양말, 다른 한지 2장, 수 문양, 매듭실, 칼, 양면 테이프

01 그림과 같이 재단한 한지를 2/3 잘라내고 잘라낸 만큼 다른색 한지를 붙인다.

02 1의 재단된 한지로 원통의 둘레를 먼저 감싼다.

03 한 쪽 면씩 삼각형 모양을 만들어가며 접어준다.

04 진한 색의 한지로 띠를 만들어 옆을 둘러준다.

05 매듭실을 포인트를 주면서 붙인다.

06 덧대어진 한지가 있는 쪽에 수 문양을 붙여 마무리한다.

포장하기가 애매한 경우가 있다.
그럴 때 주변에서 적절한 케이스를
찾아 포장하는 감각을 발휘해보자.
양말을 원통에 넣고 문양이 있는
한지로 포장을 하면 어떨까?
또한 매듭실을 이용해 장식을 주면
한층 단아함이 돋보이는
선물이 될 수 있다.

손가방 포장

종종 손가방을 선물할 때가 있다. 그때마다 어떤 손가방을
선택해야 하는가 하는 문제 못지않게 고민되는 것이 어떻게
포장을 해야 할까이다. 구입한 그대로 주기도 하지만
한지를 붙인 상자에 문양을 장식해 넣어줌으로써 선물의
가치를 한껏 더 높여보자.

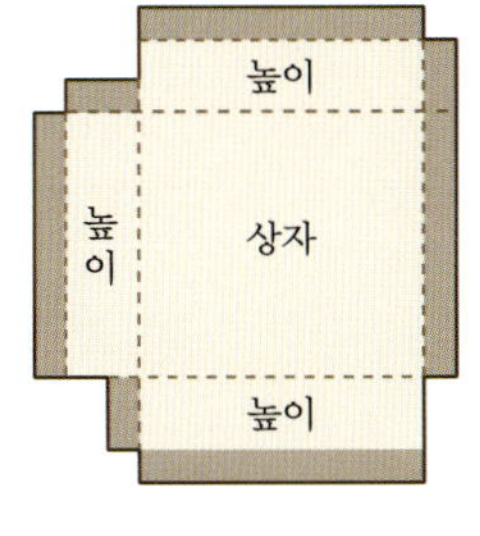

재료 손가방, 상자, 한지, 노리개, 풀, 칼

01 한지를 상자의 안쪽과 뚜껑 모두에 붙인다.
02 한지를 구겨 상자 안에 넣고 볼륨을 만든 후 손가방을 넣는다.
03 뚜껑을 덮고 주름을 만들어 붙인다.
04 노리개를 둘러 장식한다.

코 사 지 포 장

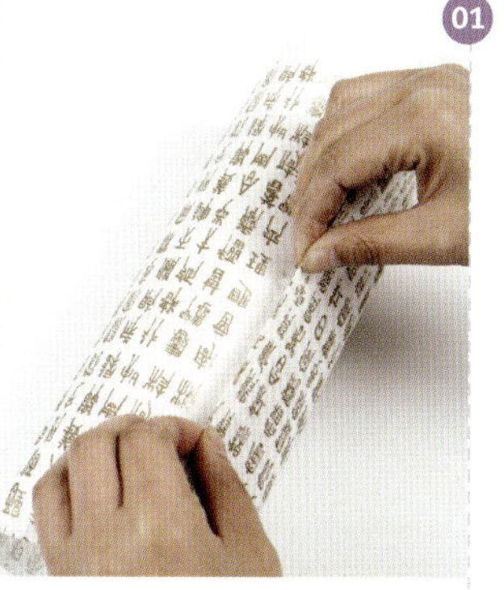

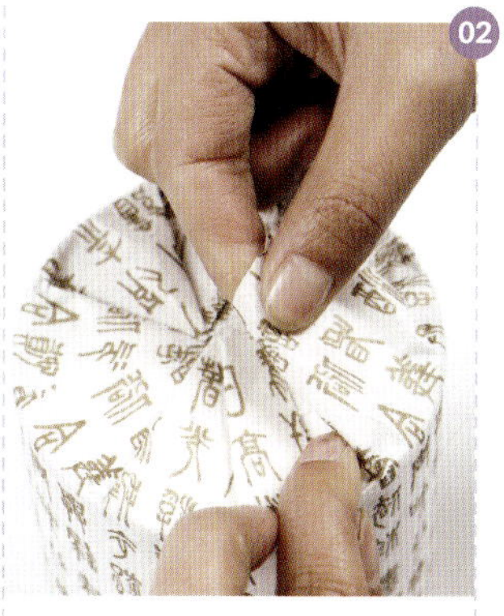

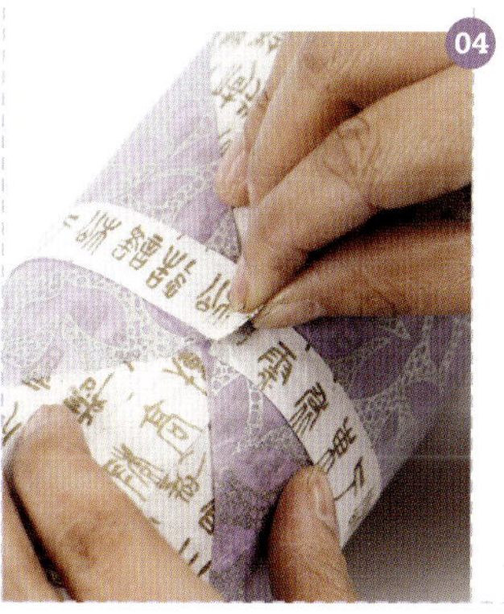

재료 코사지, 다른 한지 두 장, 장식, 칼, 양면 테이프

01 코사지가 담긴 원형 통을 한지로 한 번 감싸 고정시킨다.
02 돌려가며 접어 아래 위를 마무리한다.
03 다른 문양이 들어간 한지를 잘라 대각선 방향으로 놓고 코사지 통을 감싸준다.
04 그림 2의 포장된 원통의 한지와 같은 한지로 띠를 만들어 붙여준다.
05 양쪽으로 장식을 달아 마무리한다.

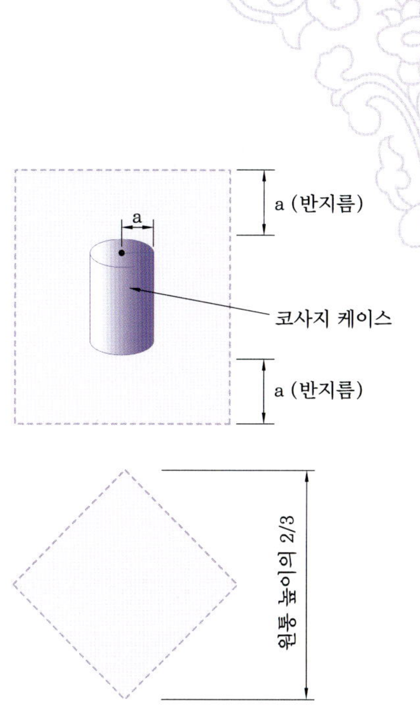

나이와 상관없이 여성들의 멋스러움을 주는 코사지는 훌륭한 패션 소품 중 하나이다. 코사지 포장은 내용물의 화려함이 돋보일 수 있는 은은하고 단아한 포장법을 택하는 것이 좋다.

가장 한국적인 느낌을
생활 속으로…Ⅱ

버섯, 석작

떡, 구절판

와인&샴페인병, 청주병

한과, 약과, 바구니

꿀항아리, 은수저

 버섯 포장

재료 버섯 바구니, 한지, 매듭실, 노리개, 문양, 칼, 양면 테이프

01 재단한 한지 가운데 버섯 바구니를 올리고 폭 7㎝의 단을 접어 바구니 위에 고정시킨다.

02 민무늬 한지로 띠를 만들어 바구니를 두르고 남은 포장지를 접어 붙인다.

03 매듭실을 양쪽에서 묶어준다.

04 문양을 가운데 붙인다.

05 노리개를 장식하여 마무리한다.

건강한 삶에 대한 관심이
여느 때 보다 높은 요즘
명절에는 웃어른이나
예를 갖춰야 하는 자리에
건강과 함께 마음까지
전해보는 것은 어떨까?

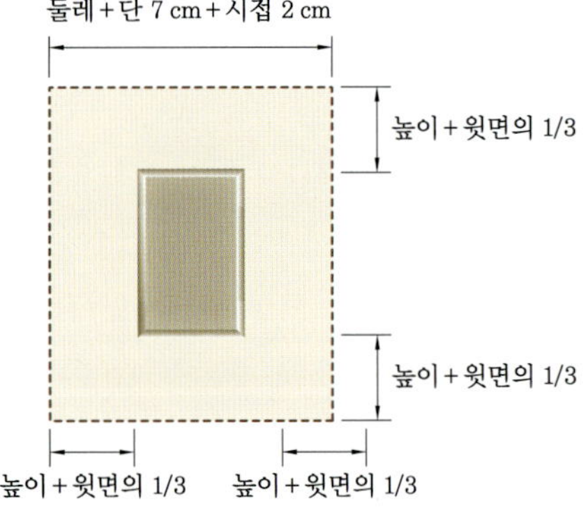

버섯포장

석 작 포 장

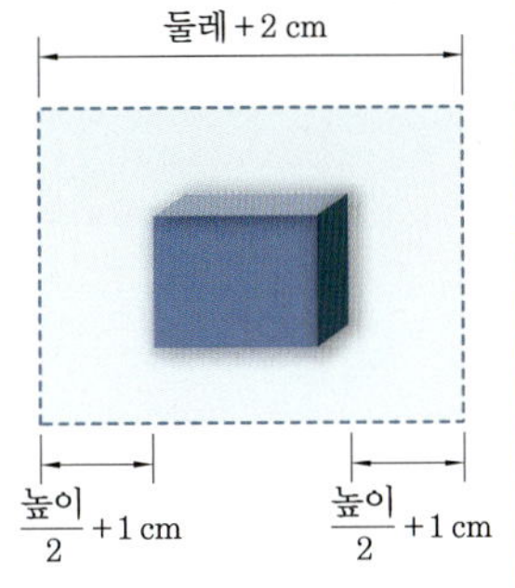

재료 바구니, 한지, 노리개, 칼, 양면 테이프

01 재단된 한지 가운데 바구니를 중심에 맞게 놓고 둘레를 감싸서 고정시킨다.

02 양쪽 높이를 잘 접어 고정한다.

03 서로 다른 색의 한지로 띠를 만들어 바구니 둘레와 위로 둘러준다.

04 폭 3㎝, 길이 50㎝ 한지 세 장으로 머리 땋듯이 만들어 바구니를 감싸준다.

05 가운데를 한지로 한 번 감싸주고 딱지를 두 개 접어 붙인다.

06 노리개를 달아 꾸며 완성한다.

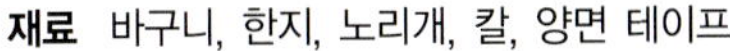

어려운 자리에 인사를 할 때는

선물의 내용물과 더불어

포장에 기울인 정성도 중요하다.

여러가지를 담아 두기도 하고 포장하는

데에도 두루 쓰였던 석작에 사돈댁에

첫 인사로 드리는

이바지 음식을 담아보자.

전통의 향이 묻어나는 한지로

포장하고 청실홍실 노리개를 달아

더욱 예를 갖추었다.

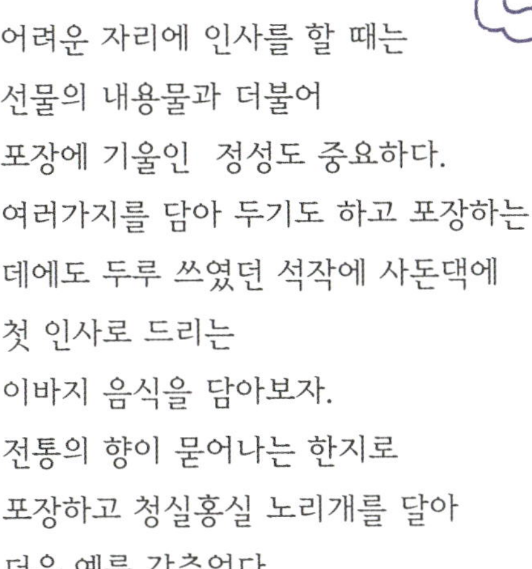

떡 포 장

떡 포 장

재료 떡, 서로 다른 한지, 가락지, 장식, 양면 테이프, 칼

01 재단된 한지 위에 상자를 올려놓고 끝부분을 양쪽에서 접어 그대로 포장한다.
02 다른 한지를 삼각형 모양으로 오려 1의 여밈 부분에 덧댄다.
03 직사각형의 한지를 길게 잘라 상자에 둘러 주름을 잡는다.
04 가락지를 끼워 고정한다.
05 가락지 양쪽으로 장식을 달아 꾸며 마무리한다.

오랫동안 우리의 훌륭한 먹을거리 중
하나였던 떡은 최근 그 모양이
아주 다양해지고 있다.
서양의 케이크나 과자 못지 않은
화려한 모습으로 변화해가는 떡에
옛스러움이 묻어나는
한지를 이용해 지나치게 들뜨지
않으면서도 내용물이 궁금해지는
포장을 해본다.

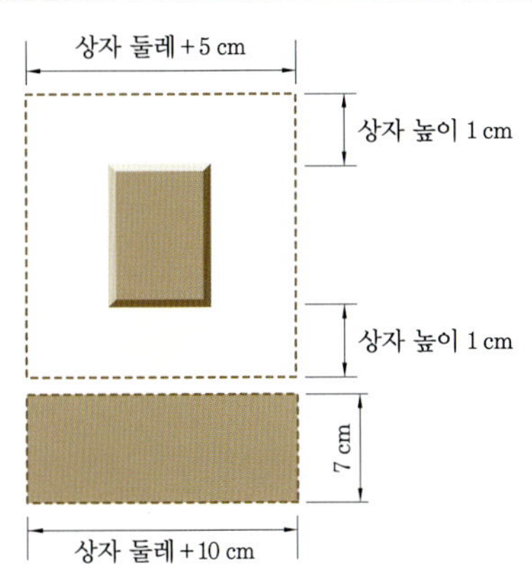

구 절 판 포 장

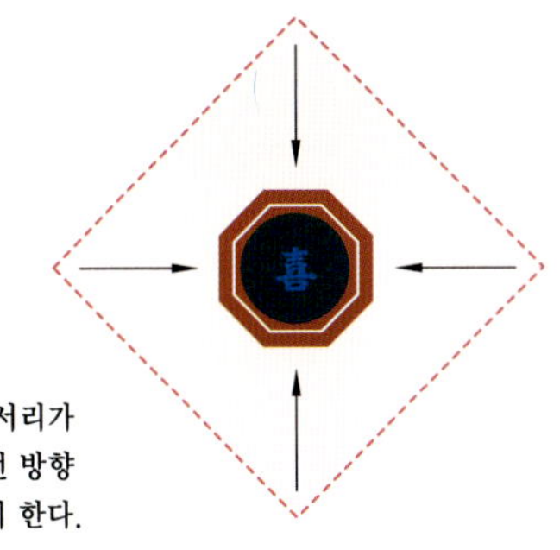

재료 구절판, 색이 다른 한지, 매듭끈, 노리개, 새 문양, 칼, 양면 테이프

01 서로 다른 한지 두 장을 겹쳐 약간 비슷하게 놓고, 그 위에 구절판을 올려놓는다.

02 구절판이 충분히 덮히도록 감싸준다.

03 구절판의 모서리 각 면대로 한지를 접어 올린다.

04 접히는 부분이 뜨지 않게 양면 테이프로 고정시키면서 양쪽을 다 접어준다.

05 남은 부분을 모아 묶어 손잡이 부분을 만든다.

06 손잡이 부분을 매듭실로 감싸고 새 문양과 노리개로 장식해준다.

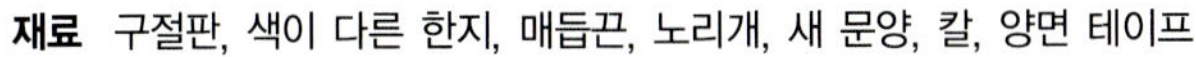

구절판은 여덟 가지의 재료를
곱게 채 썰어 담고, 얇은 밀전병을
만들어 싸 먹는 우리 고유의 음식이다.
많은 재료를 준비하여 만드는 만큼
들어가는 정성 또한 깊어
선물용으로 더할 나위 없다.
황진이의 학춤마냥 우아한 한지로
더욱 정성을 들여보자.

구절판 포장

만드는 재료에 따라 달라지겠지만 구절판은 대체적으로
자극적이지 않은 담백한 음식이다. 때문에 어른들이 드시기에 좋은
음식이라고 할 수 있다. 미각뿐 아니라 시각적으로도 훌륭한 음식인
구절판은 그 자체로도 화려하기 때문에 차분하고 우아한 분위기로
포장하는 것이 좋다.

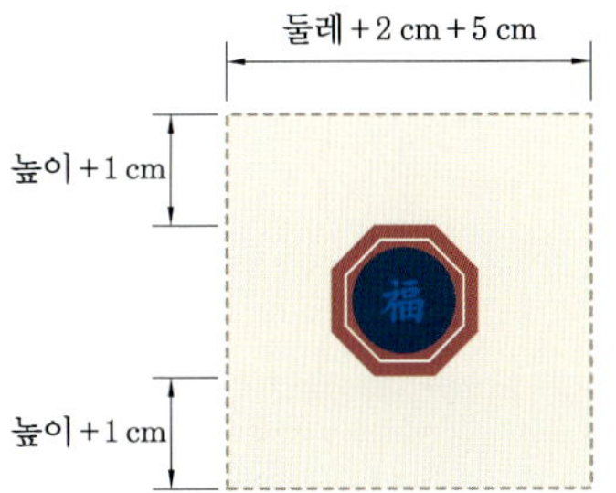

재료 구절판, 다른 색 한지 두 장, 매듭끈, 문양, 양면 테이프

01 한지를 반듯하게 놓고 구절판을 올려 놓는다.

02 양쪽 높이를 잘 맞춘 다음 중심에 놓고 둘레를 붙여준다.

03 구절판의 각에 따라 양 옆을 잘 접어 고정시킨다.

04 다른 색 한지로 폭 5㎝ 정도 접어 윗부분에 단을 붙여주고,
   문양을 가운데 붙여 마무리한다.

와
인
&
샴
페
인
병
포
장

재료 와인 또는 샴페인, 한지, 매듭끈, 노리개, 칼, 양면 테이프, 니퍼

01 한지 가운데 병을 올려놓고 모서리 부분이 병목으로 모아지게 잡는다.
02 맞주름이 되도록 돌려가며 잡아준다.
03 병을 다 감쌌으면 포장을 정리하고 병목 부분에서 한 번 묶는다.
04 포장지를 가늘고 길게 세 개 정도 잘라 머리 땋듯 꼬아 매듭을 만든다.
05 4의 매듭끈을 병목에 묶고 노리개를 달아 꾸며준다.

와인이나 샴페인은
축하할 일이 있거나 평소와는
다른 분위기가 필요할 때
곁들이기 좋은 술이다.
또 최근 와인에 대한 관심이
늘어나면서 주변인들에게
한두 병 선물하는 경우도 있을 것이다.
그럴 때 그냥 건네기보다
예쁜 문양이 들어간
한지와 노리개로 꾸며 보는 건 어떨까.

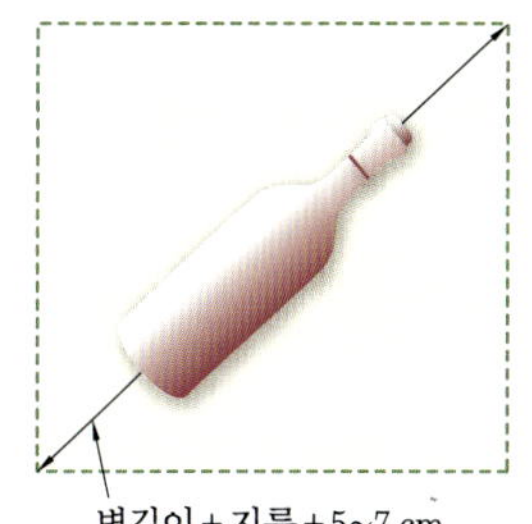

병길이 + 지름 + 5~7 cm

청주병 포장

재료 청주, 서로 다른 한지 두 장, 매듭끈, 노리개, 칼, 양면 테이프

01 서로 다른 한지를 병 폭 만큼 접은 후 병 길이에서 5㎝ 여유를 두고 재단한다.
02 두 색의 한지를 서로 교차되게 두고 가운데 청주를 둔다.
03 병목에 달을 포장 윗부분을 삼각형이 되도록 돌아가며 접어준다.
04 병목 부분에서 고정하면서 포장지로 병을 감싸면서 모은다.
05 포장지를 다 모았으면 끈으로 고정한다.
06 포장지와 어울리는 노리개를 달고 끈으로 묶어 마무리한다.

청주는 쌀을 이용하여 담근 것으로
맑고 깨끗함이 특징인 술이다.
예로부터 제사상엔 맑은 술인 청주를
올리는 것이 풍습이었으며
오늘날에는 각종 요리나 미용에도
애용하고 있다.
웃어른이나 격조를 차려 예의를 갖출
필요가 있을 때에는 곱게 포장한
청주를 선물하면 좋다.

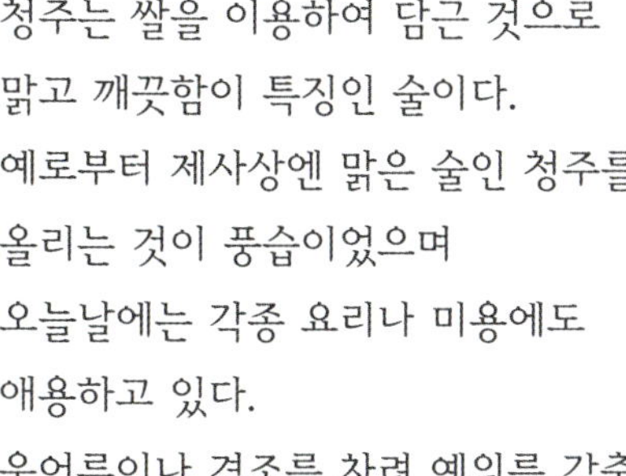

한 과 포 장

한과 포장

재료 한과 바구니, 한지, 문양, 수 문양, 양면 테이프, 칼

01 바구니 안에 한지를 깔고 한과를 담는다.
02 10㎝ 폭의 한지를 바구니에 둘러 끝부분이 삼각형이 되도록 마무리한다.
03 새 문양을 오려서 붙이고 끝부분에 수 문양을 달아 장식한다.
04 바구니 뚜껑도 2번과 같은 폭으로 둘러준다.
05 바구니 뚜껑 중앙에 문양을 붙여 마무리한다.

지금은 예전과 많이 달라졌지만
예전에 한과는 맛있는 주전부리였음은
물론 손님 접대용으로도
더할 나위 없는 먹을거리였다.
한과를 단순하게 바구니에 담아내거나
전할 수도 있지만 한지와 문양을
이용해 옛 느낌을 더한 포장으로
더욱 먹음직스럽게 만들어 보자.

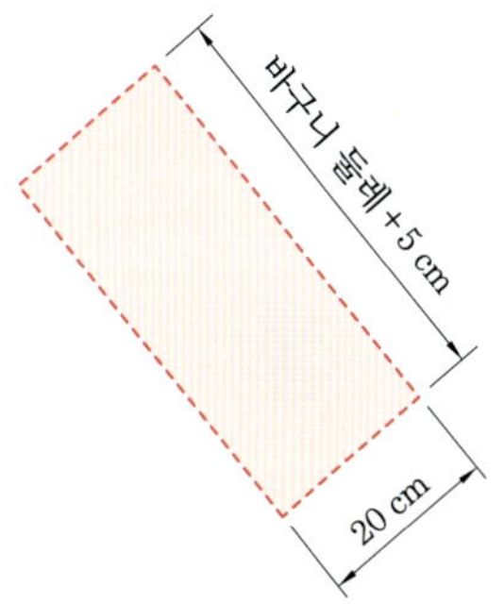

약 과 포 장

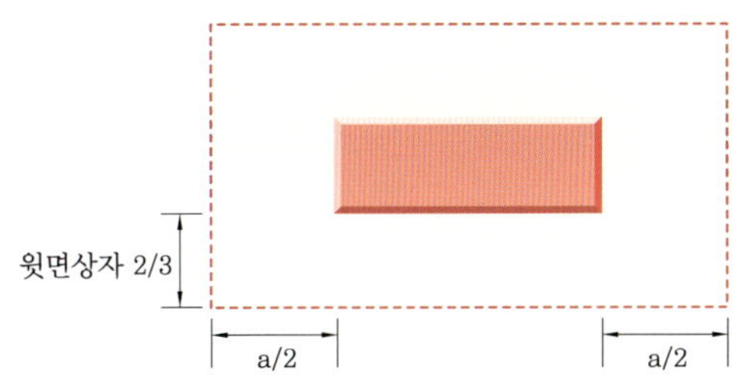

한국 전래 과자인 약과는 예로부터 제사나 명절 때 쓰이던 음식으로
최근에도 명절 선물용으로 꾸준히 나가는 것이기도 하다.
다가오는 명절에는 곱게 포장한 약과에 길한 기운을 의미하기도 하는
옥반지를 장식해 웃어른에게 선물해 보자.

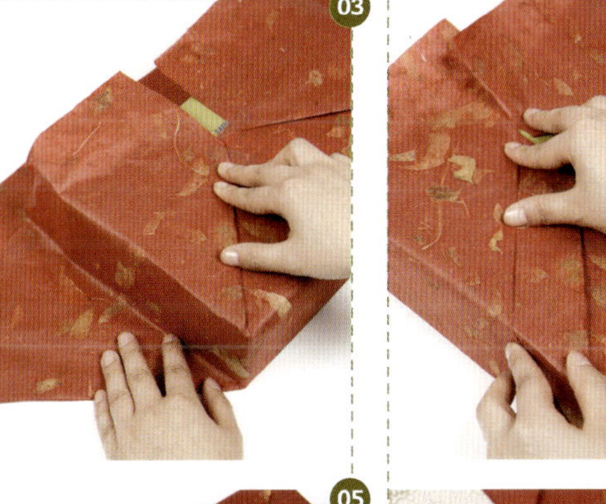

재료　약과, 두 가지 한지, 장식, 옥반지

01 재단된 포장지 위에 상자를 놓는다.
02 윗면의 2/3 부분까지 오도록 접어준다.
03 윗부분부터 접어 고정시킨다.
04 양쪽 끝부분이 일정한 선이 되도록 붙인다.
05 단 5㎝를 중심부분에 둘러준다.
06 장식을 끝부분에 붙여 마무리한다.

바구니 포장

바
구
니
포
장

재료 바구니, 한지 부직포, 한지, 매듭끈, 칼, 양면 테이프

01 바구니 안쪽에 미리 한지를 바닥까지 한 바퀴 돌려놓는다.

02 한지 부직포를 열십자 모양으로 잘라 바구니 손잡이 부분까지 올려 주름을 잡아간다.

03 손잡이 가운데 부분을 고정하고 한지 띠를 둘러 가린 다음 매듭끈을 자연스럽게 묶어 고정은 물론 장식효과를 낸다.

04 길이 50㎝, 폭 3㎝의 부직포 세 개를 머리 땋듯이 꼬아 손잡이 부분에 붙인다.

05 남아 있는 부직포를 잘 정리하여 마무리한다.

명절 때나 주위 어른들께
인사차 방문할 때에는
마음을 담은 선물 하나에도 많은
신경을 쓰게 된다.
이럴 때는 선물 꾸러미를 담아가는
바구니를 한지로 포장해
품위있는 우리 고유 전통의 멋을
한껏 살려보자.

꿀 항 아 리 포 장

꿀
항
아
리
포
장

각종 병증에 효과가 있음은 물론 건강증진, 미용, 요리까지
활용 범위가 넓은 꿀은 누구에게나 선물하기 좋은 아이템.
만물의 기운이 움직이는 봄의 기운을 가진 청색 한지에
민족 고유의 정서가 베여있는 수 문양을 장식하여 한결
멋스럽게 연출해 보았다.

재료 꿀항아리, 한지, 매듭끈, 수 문양

01 한지를 마름모꼴로 펼쳐 가운데 꿀항아리를
   놓는다.
02 마주보는 모서리를 들어 올려 항아리 뚜껑
   위에 올린다.
03 한쪽씩 주름을 잡아 겹치지 않도록 접는다.
04 남은 한지를 서로 교차해 묶어 고정시킨다.
05 묶은 부분에 끈을 묶어 가려주고 앞쪽에 수
   문양을 붙여 마무리한다.

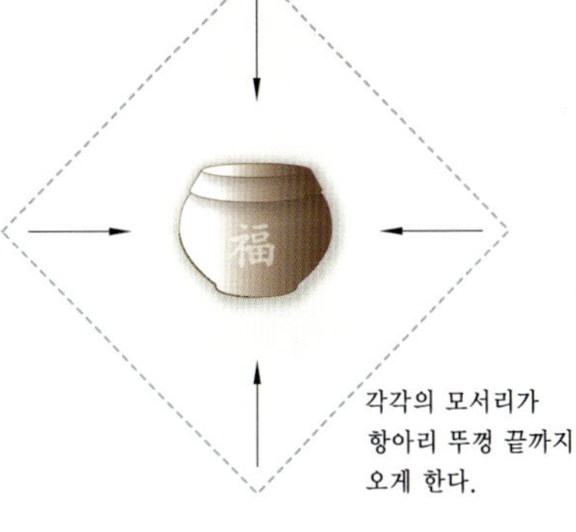

각각의 모서리가
항아리 뚜껑 끝까지
오게 한다.

재료 은수저 세트, 두 가지 색의 비단지, 노리개, 칼, 양면 테이프, 풀

01 상자에 맞게 비단지를 재단해 상자 안과 뚜껑을 감싸준다.
02 비단지를 잘라 상자 바닥에 깐다.
03 대문접기한 한지를 뚜껑 한쪽으로 붙인다.
04 뚜껑 윗부분의 2/3지점에 상자와 다른 색의 한지로 띠를
   만들어 덧대어 붙인다.
05 노리개를 달아 꾸며준다.

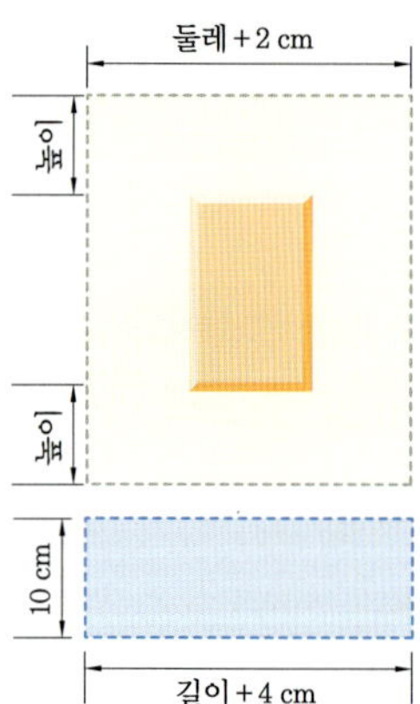

은수저는 실용적으로 주고받기보다
예물로 사용되던 혼수용품이다.
때문에 무엇보다 품격을 갖춰
포장하는 것이 중요하다.
가벼운 느낌의 포장재 보다는
잔잔한 문양이 들어간 비단지와
노리개를 이용하여 은은하면서도
품격을 잃지 않는 고급스러운 느낌을
주는 것이 좋다.

천년의 아름다움 한 韓紙 지

종이의 발명은 중국 전한시대의 채륜이란 사람에게서 찾은 것이 정설로 여겨졌으나 최근 연구에 의하면 기원전 140년 경부터 종이나 그와 유사한 형태의 것이 있어왔던 것으로 보인다. 채륜은 각지에 흩어져 있던 자료를 모으고 정리하여 체계화시켜 온전한 구조를 완성한 종이 개량과 완성자로서의 역사적 의의가 크다.

제지법이 우리나라에 들어온 것은 고구려 소수림왕 때로 알려져 있다. 이후 고려시대에는 왕명으로 닥나무 심기를 권장(인종 23년)하거나 법제화(명종 23년)하였으며 조선시대에는 조지서(造紙署 세조 12년)를 설립하여 종이 만들기에 힘쓰도록 하였다. 조선시대 한지 제조업은 국가 기간산업으로 다른 수공업 분야에 비해 높은 비중을 차지하고 있었지만 개화기 이후 서양의 양지(洋紙) 제지술이 도입되면서 수요가 감소하고 기술의 낙후와 자본의 영세성으로 겨우 명맥만 유지해 왔다. 하지만 근래 들어 옛것에 대한 관심이 높아지면서 새로운 기술 개발과 함께 전통적 한지 제조법을 익히려는 사람들이 늘어나는 한편 전통문화 애호 인구가 점점 늘어나고 있는 실정이라 한지에 대한 수요가 높아지고 있다.

한지의 종류

한지는 원료, 쓰임새, 크기와 두께, 종이의 질, 생산지 등의 분류 기준에 따라 그 종류를 나눌 수 있는데 종류와 명칭만 해도 백 가지가 넘었다. 하지만 지금은 한지에 대한 관심과 소용이 현저히 줄어 대부분 자취를 감추고 몇 가지 종류만 사용되고 있다.

1. 원료에 의한 분류

닥나무 종이_닥나무를 이용하여 만든 대표적인 한지 종류로 저지(楮紙) 라고도 한다.

백태지(白苔紙)_닥나무 껍질에 이끼를 섞어 만드는 종이

백면지(白綿紙)_목화에 다른 원료를 섞어 만드는 종이

2. 형태(크기, 부피)에 따른 분류

각지(角紙)_가장 두꺼운 종이

대호지(大好紙)_품질이 그리 좋지 않은 넓고 긴 종이

장지(壯紙)_좁고 짧은 종이

3. 용도에 따른 분류

창호지(窓戶紙)_주로 창문을 바르는데 쓰이는 것으로 두텁고 강도가 높은 종이이다.

화선지(畵宣紙)_그림이나 글을 썼던 종이

장판지(壯版紙)_방바닥을 바르는 종이

한지의 특성

한지는 식물성 섬유나 지역에서 나는 농산물의 부차적 생산품을 원료로 활용하여 만든다. 이 가운데 종이를 만드는 주재료인 닥나무의 질긴 섬유질은 눈처럼 희고 질긴 고유의 우리 한지의 특성을 이룬다. 제작 과정에서도 중국이나 일본처럼 자르지 않고 두들겨서 섬유질을 부드럽게 만든다. 이는 한지의 특성을 살리는 제조 방법으로 긴 섬유질이 그대로 살아나 질긴 한지가 만들어지게 되는 것이다.

한지는 질기기만 한 것이 아니라 보온성과 통풍성이 뛰어나며 수명 또한 다른 종이에 비해 월등히 오래간다. 일반 양지는 50~100년 정도 지나면 황화현상을 보이며 삭아버리지만 한지는 시간이 갈수록 결이 고와지고 천년 이상 간다. 뿐만 아니라 한지는 습기를 빨아들여 내뿜고 바람을 잘 통하게 하는 자연친화적인 종이이지만 양지는 통풍도 되지 않고 습기를 빨아들인 후 건조시키지 못하고 찢어진다.

조형미와
해학미의 절정

문양
紋樣

점·선·면·색의 구성이나 배열로 만들어지는 것을 무늬라 하고 이를 이루는 결들을 문양이라 한다. 문양은 의식 반영의 결과로 표현되는 것으로 모든 민족과 문화권에서 각자의 특성에 따라 쓰여 왔으며, 문화의 발전과 교류에 따라 다양하게 변화되어 왔다. 문양은 그것을 만들어 내고 쓰는 사람들의 세계관 혹은 종교관을 담고 있는 것이기 때문에 문양의 변천에 따라 그것을 이용하는 사람들의 의식 변화나 생활의 변화상을 파악할 수 있는 증거가 되기도 한다.
우리의 문양은 골무, 주머니, 보자기, 옷감, 도자기, 떡살, 기와 등 의식주를 망라한 일상생활은 물론 사찰과 궁궐에서도 찾아볼 수

있다. 우리 전통 문양은 동양문화에 흐르는 이상주의적 영향을
받아 단순하지만 해학미가 강한 것이 특징이다. 자연에 대한
경배가 남달랐던 우리 조상들은 특히 자연 현상에서 모티브를
많이 가져왔으며 사실적 표현부터 기하학적인 표현까지 독자
적인 조형적 특성을 보여주고 있다.

단청 문양

한국의 단청은 불교의 유입과 함께 유래되었다고 볼 수 있는데
화려하지만 가볍지 않으며 우아한 특성을 가지고 있다. 단청은
신비감을 주는 동시에 잡귀를 쫓는 벽사의 뜻과 함께 위엄과
권위의 상징이었다.

식물 문양

인동당초 _ 덩굴식물의 생김새로 장수의 의미가 있었으며 불
　교적인 장식 문양으로 많이 쓰였다.

꽃 문양 _ 꽃 문양은 시대에 따라 각기 다른 특성을 보여주고
　있지만 대체적으로 길상의 의미를 가진 것이 많았으며 다양한
　분야에 활용 되었다.

동물 문양

왕이나 상서로운 존재를 뜻하거나 신비로운 힘을 가진 상상 속
의 동물이 많았으며 학문이나 관직의 상징이 되기도 했다.

기하학적 문양

현재나 미래에 대한 계시의 뜻과 어떤 현상에 대한 상징의 뜻을
가지고 있다.

기타

문자도_ 충효 또는 삼강오륜의 교훈적 의미나 길상적인 뜻을 지
　닌 글자를 통해 바라는 소망을 이루고자 하는 의도를
　가진다.

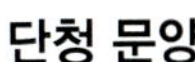

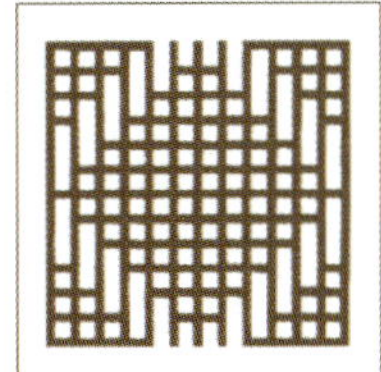

3

전통의 단아함을
생활 속으로

한과 바구니, 도시락, 한복, 이바지 떡

병, 비단배색, 꿀상자

상품권, 모시 육각형, 원통 선물

다양한 포장의 멋, 모시 지갑

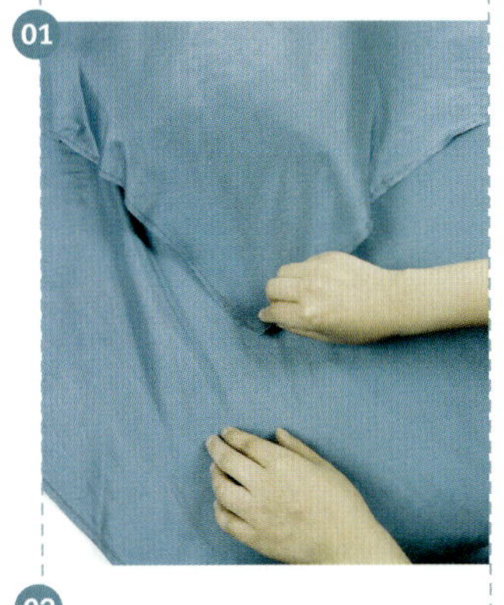

한과바구니 포장

음양오행에서 청색 계열은 목(木)의 기운을,
적색 계열은 화(火)의 기운을 가진 색이다.
화의 기운은 잡스러운 것들을 물리친다고 하였는데
이 화의 기운을 살려 더욱 승하게 하는 것이 목의 기운이다.
나쁜 것들로부터 지켜지기를 바라는 마음,
선물을 하는 행위에도 이런 정성을 담아보자.

재료 한과 바구니, 보자기, 끈, 노리개, 고무 밴드

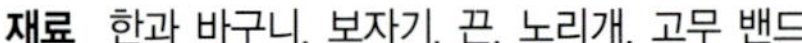

01 마름모꼴로 펼친 보자기에 한과 바구니를 길게 놓고 보자기
　　한 쪽을 바구니가 다 가려지도록 겹친다.
02 다른 쪽도 겹쳐 남은 보자기를 양쪽에서 잡아 묶어준다.
03 윗자락을 파도처럼 돌려서 밑으로 끼워 형태를 만든다.
04 리본으로 묶고 노리개를 달아 마무리한다.

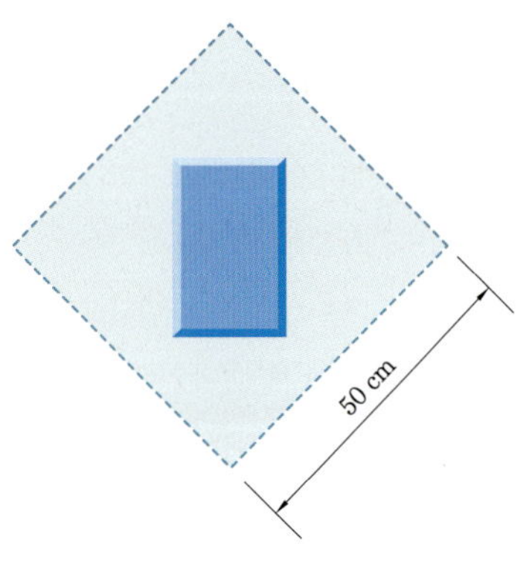

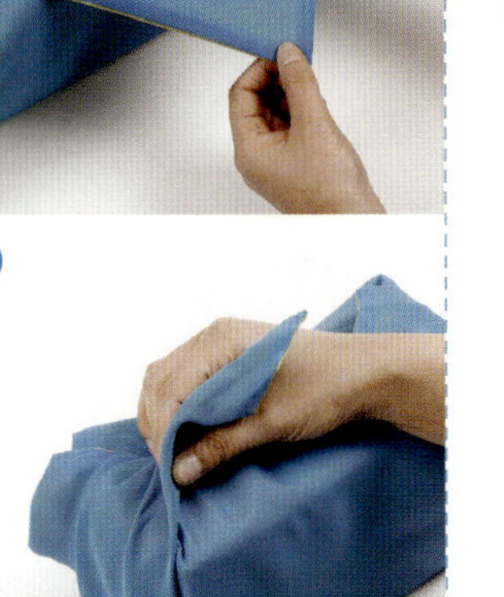

도시락은 사람에 따라 여러 가지 많은 추억을 간직하고 있다.
정성이 담긴 따뜻한 밥 한 끼에서 전해지는 마음은 어떤 어려움도
헤쳐 나갈 수 있을 것 같은 힘을 주기도 한다.
오늘은 그 마음이 더욱 따뜻하게 전해질 수 있도록 고운 보자기로
정성스레 포장해서 전해보자.

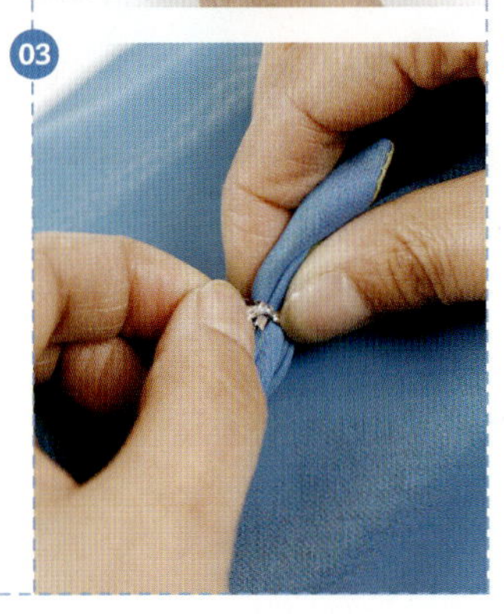

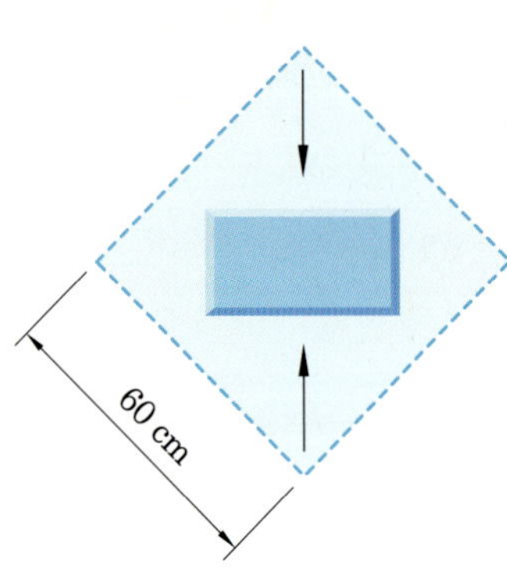

재료 도시락, 2겹 보자기, 노리개

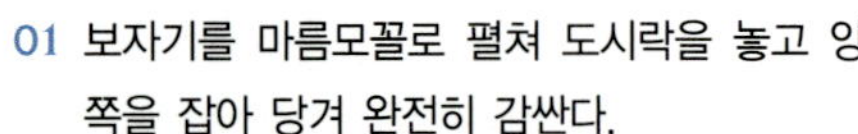

01 보자기를 마름모꼴로 펼쳐 도시락을 놓고 양
   쪽을 잡아 당겨 완전히 감싼다.
02 모서리 부분을 잘 정리하면서 양쪽을 잡고
   위로 당겨준다.
03 연결되는 부분을 묶어 고정한다.
04 겹쳐있던 보자기 끝을 올려 손잡이 부분을
   감싸준다.
05 노리개를 달아 장식한다.

도 시 락 포 장

한
복
포
장

우리 고유의 옷인 한복을 포장할 때 다른 옷감보다 비슷한
소재의 비단 보자기를 이용해 포장하는 것이 한결 멋스럽다.
뿐만 아니라 부피가 있어 보자기로 싸서 전하는 것이
훨씬 유용한 방법이 된다. 화려하고 고운 비단 보자기로
한복의 멋을 더욱 살려보자.

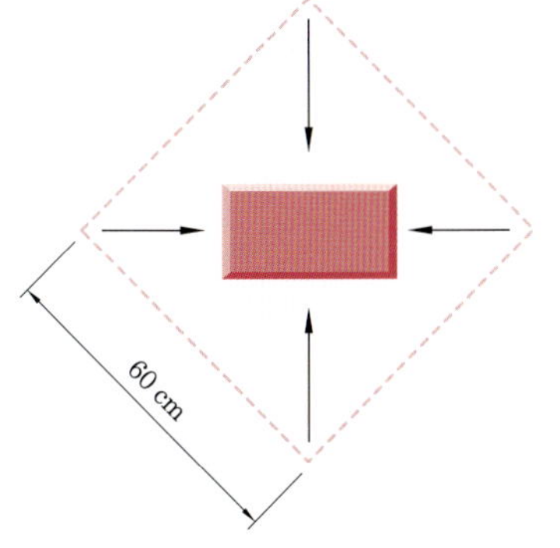

재료 한복 상자, 보자기, 고무 밴드, 문양, 노리개

01 충분하게 여유 있는 보자기를 준비해 마름모꼴로 펼쳐놓고
　 한복 상자를 두고 한쪽을 들어 올려 상자를 감싼다.

02 나머지 한 쪽도 상자를 덮고 양쪽에서 모양을 만들며 잡는다.

03 2의 가운데 부분에 다른색 천으로 리본을 만들어서 고정한다.

04 바깥쪽으로 덮힌 보자기 끝에 문양을 달고 노리개로 장식해
　 준다.

이바지 떡 포장

재료 이바지 떡, 보자기, 노리개, 고무줄

01 준비한 보자기를 펼쳐 이바지 떡을 올려놓는다.
02 서로 마주 보는 쪽을 반씩 접어 올린다.
03 가장자리부터 차례로 접어 꽃 모양을 만들어간다.
04 고무 밴드를 끼워 고정한다.
05 남은 보자기를 꽃 모양을 중심으로 묶어준다.
06 노리개를 달아 마무리한다.

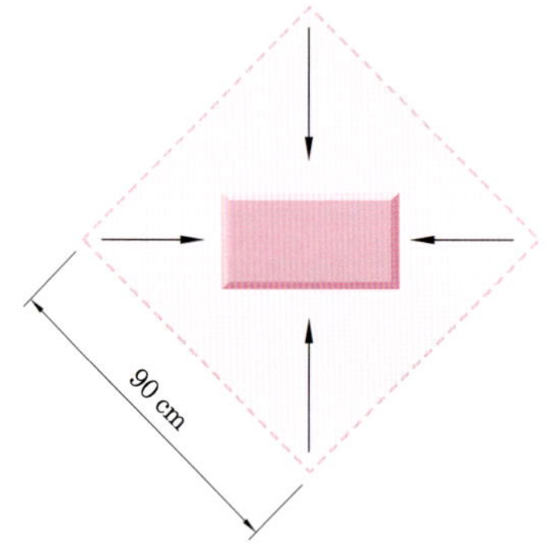

01

02

03

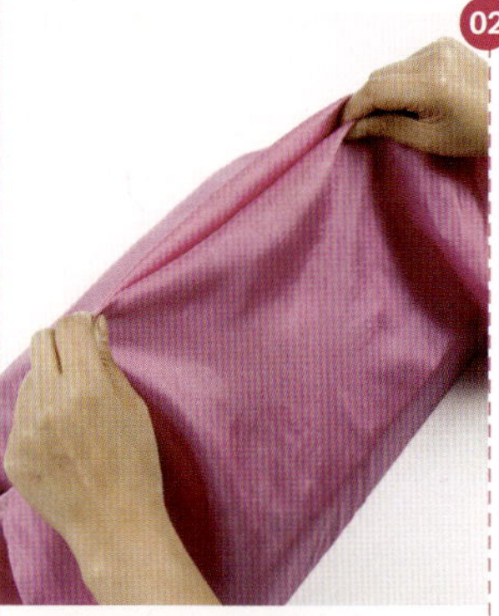

04

05

06

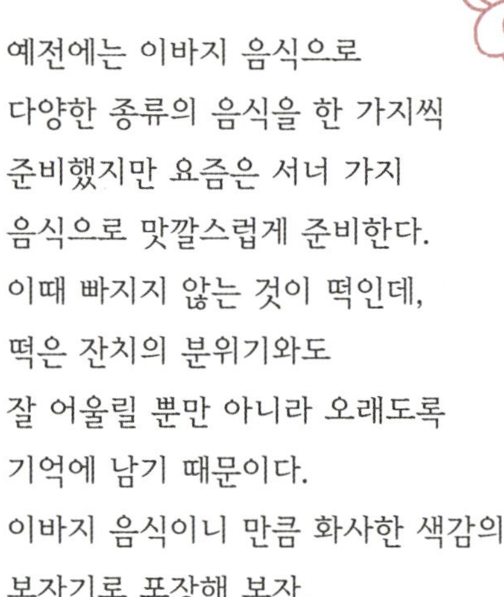

예전에는 이바지 음식으로
다양한 종류의 음식을 한 가지씩
준비했지만 요즘은 서너 가지
음식으로 맛깔스럽게 준비한다.
이때 빠지지 않는 것이 떡인데,
떡은 잔치의 분위기와도
잘 어울릴 뿐만 아니라 오래도록
기억에 남기 때문이다.
이바지 음식이니 만큼 화사한 색감의
보자기로 포장해 보자.

병포장

병
포
장

재료 병, 보자기, 끈, 노리개, 고무줄

01 보자기를 마름모꼴로 펼쳐놓고 마주보는 두 모서리를 반으로 접은 후 병을 중심에 놓는다.

02 접힌 부분을 병 위로 올려 주름을 잡아간다.

03 주름이 살아나도록 병목에서 고무줄로 묶어준다.

04 남은 보자기로 병목을 묶는다.

05 리본을 묶고 노리개를 달아 꾸며준다.

병을 포장하는 방법에는 여러 가지가
있다. 현대적이고 서양적인
포장도 멋스럽긴 하겠지만 우리의
색과 멋이 베여나는 보자기로
포장을 해보는 것은 어떨까.
은은한 색의 보자기에 오방색이
고루 조화된 노리개를 달아 더욱
특별한 멋을 부려보자.

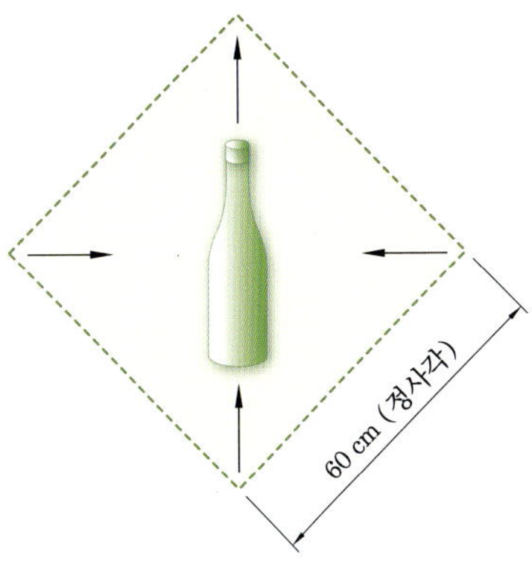

비 단 배 색 보 자 기 포 장

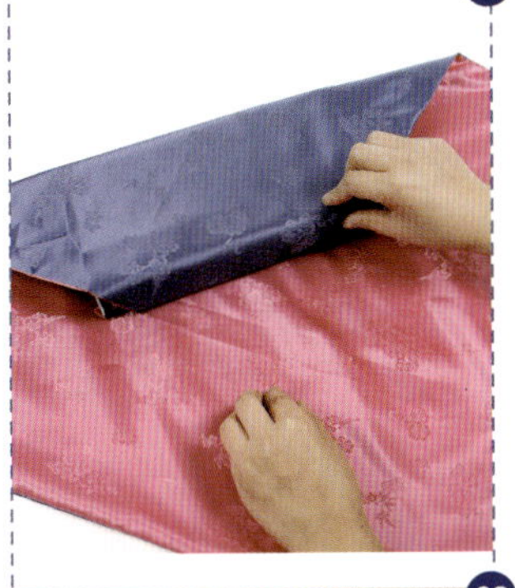

재료 상자, 두 겹 비단 보자기, 끈, 노리개 장식

01 마름모꼴로 펼친 보자기 위에 상자를 올려놓고 한쪽 모서리
부분으로 상자를 덮어 감싼다.

02 다른 쪽 보자기를 덮고 끝 부분에 작은 노리개 장식을 한다.

03 보자기의 남은 부분은 주름을 잡아 묶는다.

04 배색된 보자기 쪽이 보이도록 끈으로 다시 묶어준다.

05 장식을 달아 마무리한다.

비단은 만드는 과정이 어렵고
까다로운 고급 직물이긴 하지만
구김이 잘 가지 않고 특유의
아름다운 품위로 인해 높은 사람들이나
귀한 일에 많이 쓰였다.
화려한 색감과 무늬를 가진 비단은
포장이 필요 할 때 특별한
기교 없이도 품위를 나타낼 수 있는
아주 좋은 포장재이다.

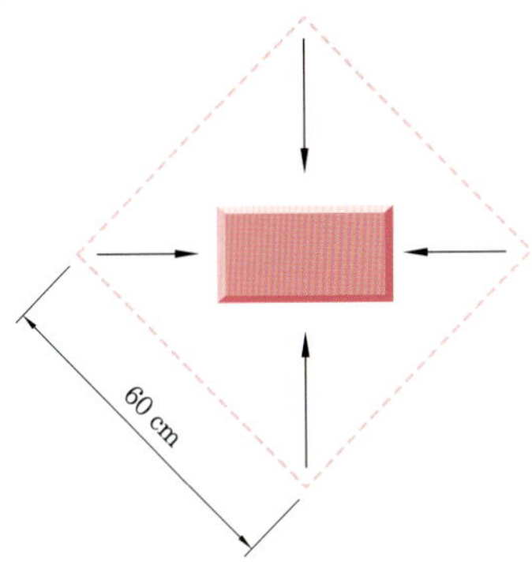

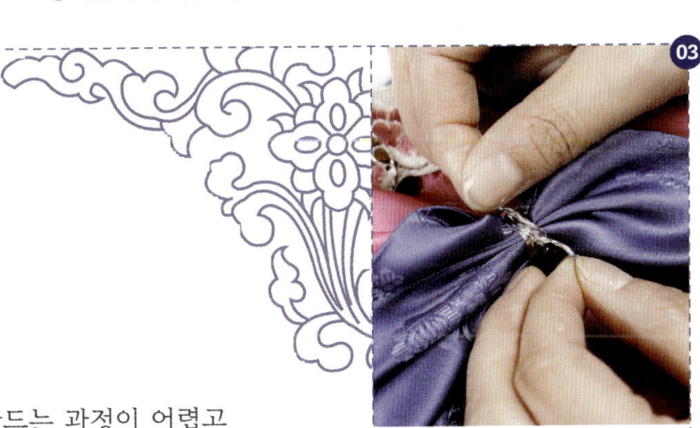

꿀 상 자 포 장

꿀상자포장

포장을 할 땐 정성을 들이고 여러 가지 멋을 부리는 것도 중요하지만
내용물이 돋보일 수 있는 포장, 전달이 쉬운 포장을 하는 것도
고려되어야 한다. 꿀이 들어 있는 상자를 포장할 때는
운반이 쉬우면서도 은근한 멋이 나는 두 가지 배색 보자기를
이용하면 일석이조의 효과를 얻을 수 있다.

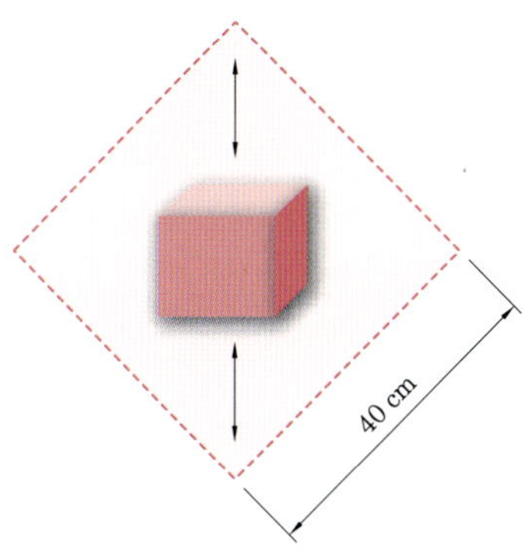

재료 꿀상자, 비단 배색 보자기, 리본

01 마름모꼴로 펼친 보자기에 꿀상자를 올린 후 보자기가 서로
   겹치게 덮어준다.
02 겹친 부분과 남은 양쪽 보자기를 주름을 잡아가며 잡는다.
03 배색 된 보자기 쪽도 보이도록 정리하여 고정한다.
04 비단 보자기와 어울리는 리본으로 묶어 마무리한다.

선물을 주고받을 때
가장 부담 없는 방법은
받는 이가 필요한 것이 무엇인지
알아 그것을 준비하는 것이다.
하지만 무엇을 필요로 하는지
알기가 여의치 않을 때 손쉽게
떠올릴 수 있는 것이 상품권이다.
상품권 선물은 받는 사람이
자신이 필요한 것을 직접
고를 수 있다는 장점이 있는
반면 형식적이고 성의 없어
보일 수도 있다는 단점도 있다.
그럴 때 화려하고 고급스러운
비단을 이용하면
효과를 볼 수 있다.

예전부터 새 문양은 상서로운 것으로 여겨졌다.
충만한 기운을 가진 붉은 색과 새 문양을 더한 포장법은
상품권이나 어른들에게 용돈을 드릴 때 좋은 포장법이다.

육 각 형 포 장

육각형 포장

재료 모시, 상자, 끈, 장식, 가위, 풀

01 포장할 상자에 맞게 모시에 칼집을 낸다.
02 상자의 면에 맞춰 붙여 나간다.
03 상자의 윗면은 바람개비처럼 모시를 맞물려 붙인다.
04 좀 더 진한 색의 모시로 띠를 만들어 둘러준다.
05 바람개비 모양 가운데 문양을 붙이고 매듭과 장식을 이용하여 꾸민다.

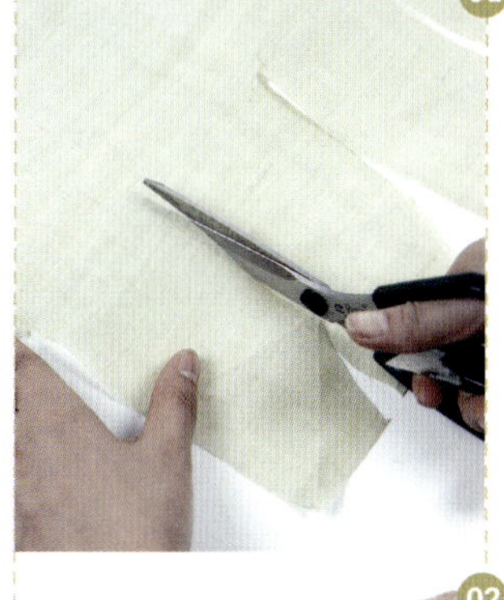

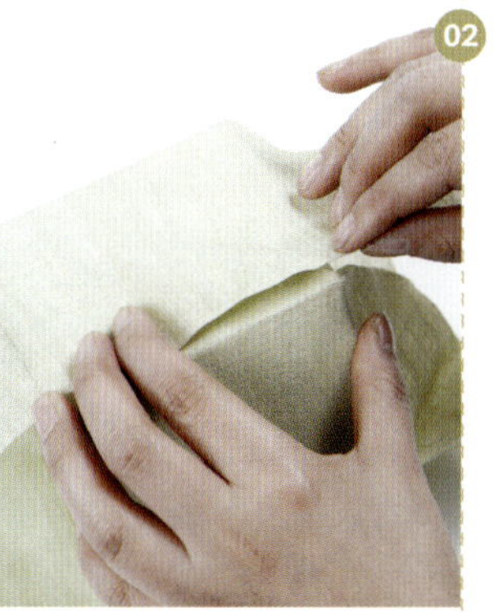

모시는 특유의 질감과 구김이 잘 가는
성질로 인해 각이 뚜렷한 상자 등에
포장재로 이용하면 독특한 느낌을
연출할 수 있다.
비단처럼 화려하거나 다양한 문양은
아니지만 은은하면서 시원한 멋이 있어
여름철 선물 포장으로 더없이 좋은
소재이다.

원 통 선 물 포 장

다양한 포장지 중에 비단
느낌이 나는 포장지도 있다.
재질은 다르지만 그 느낌이
비단과 같은 고급스러움과
우아함이 느껴져서
비단의 느낌을 내고 싶을 때
자주 쓰인다.
비단의 느낌이 나지만 실제
비단과는 다르게 구김이
만들어져 포장하는 상자의
모양에 따른 포장과
다른 포장 기법의 응용이
가능하다.

강렬한 붉은색의 비단지와 대비되는 노란색 띠를 두르고
노리개를 달았다. 부피가 작은 내용물을 납작한 원통에
넣어 포장하기에 좋은 포장법이다. 원통의 위와 아래쪽은
주름을 잡아 결을 살리면서 포장해 주는 것이 좋다.

이바지 음식은 가풍과 문화에 맞춰 품격 있게 준비해야 하는 음식으로, 딱히 정해진 종류는 없다.
예전에는 다양한 음식을 한 가지씩 준비했지만 요즘에는 절차의 간소화로 몇 가지로 간추려 준비한다.

혼서지

혼인 때 신랑집에서
예단과 함께 신부집에
보내는 것으로
결혼을 허락해 달라는
내용의 편지다.
일반적으로 혼서지는
비단에 싸서 함과
함께 보내는데, 예전에는
두꺼운 종이를 말아
간지 모양으로 접어 썼지만
오늘날에는 인쇄한 혼서를
사용하는 것이 일반적이다.

사돈지

예전에는 신부집에서
신랑집에 이바지 음식을
보낼 때 신부 어머니가
'사돈지'라고 하여
여식을 잘 부탁드린다는
당부의 말을 적어 함께 보냈다.

식물성 원료를 주재료로 하여
만드는 모시는 원단의 질감이
가볍고 통풍이 좋아
여름철에 사용되던 옷감이다.
우리나라의 한산 모시는
천 삼백년 동안 역사를
이어오고 있는 것으로
잠자리 날개처럼 섬세하고
가벼우며 통풍성과 함께
습기를 빨아들이는 성질이
뛰어나 세계 최고의 모시로
인정받고 있다.

몇 가지의 것만 지갑에 넣어 다닐 때는 모시를 이용해 지갑을 만드는 것도
좋은 생활 아이템이다. 모시를 잘라 한지에 붙여 지갑 형태로 만들어 두면
영수증 등의 보관에도 좋고 나들이 시 주목받는 아이템이 될 수 있다.

소중한 생활문화 유산 '보자기'

보(褓)란 물건을 싸거나 덮기 위한 헝겊으로 네모지게 만든 것을 말하는 것이다. 그 중에서도 작은 것을 보자기라고 하는데 예부터 물건을 싸서 보관하거나 이를 운반하는데 사용된 가장 편리한 생활 도구였다. 뿐만 아니라 예절과 격식을 갖추는데 필요한 의례용품으로 계층의 구별 없이 널리 사용되어 오던 것이다.

보자기의 용도

보자기는 제작이 용이하고 비용이 적게 들기 때문에 누구나 별다른 기술 없이 손쉽게 만들 수 있다는 이점이 있다. 보자기는 그 용도를 단순히 물건을 싸두거나 운반하는 것으로 한정짓기 쉽지만 의외로 그 사용범위가 넓다. 보자기가 계층에 상관 없이 널리 유용하게 쓰인 이유는 첫째, 사람을 정성껏 대하고 물건을 소중히 다루는 동양적 예의가 습속화 되었고 둘째, 특히 서민계층의 경우 주거 공간이 협소하여 자리를 적게 차지하면서도 용적이 큰 용구가 필요했기 때문이다. 즉, 몇 겹으로 작게 접어두었다가 필요할 때만 펼쳐서 사용할 수 있는 도구로서 보자기보다 더 요긴한 것은 없었던 것이다.

보자기의 종류

보자기는 궁중에서 소용되었던 각종 물품을 보관하기 위한 궁보와 다목적으로 쓰인 민보로 나눌 수 있다. 구조적 특징에서 보면 안감을 대지 않

은 홑보와 안감과 겉감 두겹으로 된 겹보, 솜을 대고 안감을 덧댄 솜보, 직선이나 기하학적인 패턴으로 누벼서 만든 누비보가 있으며, 색상과 재료에 따라 구분하기도 한다. 과거에는 많은 종류의 보자기가 생활 용구로서 다양하고 유용하게 사용되었지만 현대에 와서는 실용적인면 보다는 장식품으로서의 조각보가 더 각광받고 있다.

조각보

쓰다 남은 색색의 천 조각을 이어서 만든 조각보는 조상들의 절약정신 뿐 아니라 예술정신까지 엿볼 수 있다. 조각보는 한 땀 한 땀 바느질에 공을 들여 제작하면서 복(福)을 짓는 행위로 생각하기도 했다.

조각보의 색은 단색조에서 중간색조로, 중간색조에 강렬한 색을 배합하여 긴장감을 주는 것까지 색의 조화를 보이는 것이 가장 두드러진 특징이다. 문양은 화려한 꽃 문양이 가장 많이 쓰였는데, 19세기 후반에 들어서면서부터는 추상적인 문양과 함께 강렬하고 대담한 원색의 사용이 두드러지게 보이기 시작했다.

조각보는 크기, 모양, 질감, 명암, 색깔 등이 한데 어우러져 기하학적인 아름다움이 돋보이는데 독보적인 조형감각과 조화로운 색감은 현대의 추상화에 견주어도 조금도 뒤지지 않는 것이다. 조각보는 실용성과 더불어 뛰어난 배색 능력과 특별히 맞추어 계산하지 않고도 조각조각 조화를 이뤄 낼 줄 아는 우리 조상들의 탁월한 미적 감각을 확인시켜 주는 것이라 할 수 있다.

천지만물의 조화

우리 문화는 조화(調和)의 추구라고 할 수 있다. 자연과 우주의 원리에 거스르지 않고 세상의 질서를 유지하고자 하는 것이다. 오방색에도 이런 사상이 투영되어 음양오행을 바탕으로 관념적인 의미에 중점을 두고 만물과의 조화로운 질서 유지에 무게를 더 두었다.

음양오행(陰陽五行)의 철학에 바탕을 두고 적(赤), 청(靑), 황(黃), 백(白), 흑(黑)의 다섯 가지 색을 기본으로 표현한 것을 오정색(五正色)이라 하였다. 이 색들이 각자 동, 서, 남, 북, 중앙의 다섯 방위와 짝을 이룬 것이 오방색(五方色)이다. 오방색은 우리의 의(衣), 식(食), 주(住) 생활 전반에 깊은 영향을 끼쳤다. 부인들의 가례복인 녹의홍상, 연지곤지, 색동저고리, 오색고명, 팥죽, 시루떡 단청 등이 이러한 영향을 받은 것들이다.

오방색의 의미

청색(靑色)_청(靑), 녹(綠), 감(紺)의 개념을 포함. 방위는 동(東), 계절은 봄(春), 오행에서는 목(木)을 뜻하는 색이다.

적색(赤色)_적(赤), 홍(紅), 주(朱)를 총칭. 방위는 남(南), 계절은 여름(夏), 오행에서는 화(火)를 뜻하는 색이다.

황색(黃色)_방위는 중앙(中央), 오행으로는 토(土)를 뜻하는 색이다. 오방색의 중심으로 가장 고귀한 색으로 여겨졌다.

백색(白色)_소색(素色) 또는 지색(紙色)이라고도 한다. 방위로는 서(西), 계절은 가을(秋), 오행으로는 금(金)을 뜻한다.

흑색(黑色)_방위로는 북(北), 계절은 겨울(冬), 오행으로는 수(水)를 뜻한다.

생활 속 아이디어
소품 활용하기

미니백, 메모꽂이

연필꽂이, 보석상자, 복주머니

육각지함, 찻잔 세트

미니백 만들기

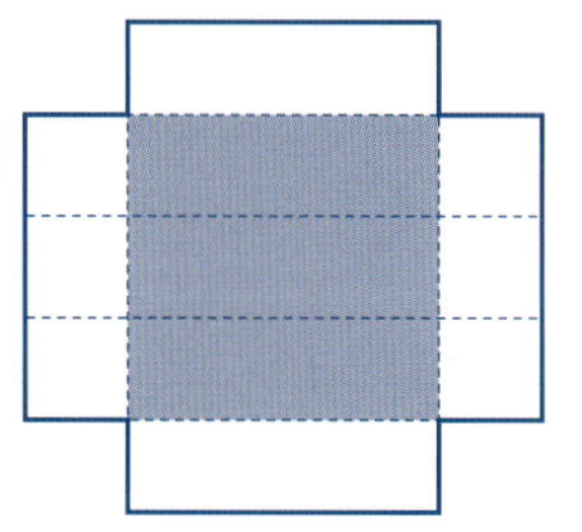

재료 티슈 빈 상자, 비단지, 한지, 벨벳 리본, 쇠줄, 문양, 풀, 가위

01 빈 티슈 상자를 펼쳐 그림 1과 같이 잘라준다.
02 속지에는 한지를 붙이고, 겉에 비단지를 붙인다.
03 접혀진 형태대로 접으면서 가방의 형태를 만들어 간다.
04 옆선에 벨벳 리본을 붙여준다.
05 손잡이로 사용할 쇠줄을 고정시킨다.
06 앞쪽에 문양을 붙여 장식한다.

고급스럽고 우아한 느낌의 비단과
품격을 높여주는 벨벳은
액세서리로 사용하기에 더없이
좋은 소품이라 할 수 있다.
다 쓰고 난 빈 티슈 상자와
비단지(한지) 벨벳 리본을 활용해
세상에 하나뿐인 나만의 가방을
만들어 보자.
전통 문양이 들어가 한복에도
잘 어울리는 디자인이다.

메모꽂이 만들기

가끔 버리기도 그냥 두기에도 애매한 물건들이 있다.
그런 물건들에 한지를 붙이고 장식을 달아 새로운
생활 소품으로 활용해보면 어떨까.
쓰고 남은 테이프 케이스에 한지를 붙이고
벨벳 리본과 장식을 달아 고급스러운 느낌의
메모 꽂이로 재활용해 보았다.

재료 빈 테이프 케이스, 한지, 리본, 장식, 풀, 가위, 칼

01 한지를 테이프 케이스 크기에 맞게 자른다.
02 빈 곳이 없도록 꼼꼼하게 붙여준다.
03 종이를 꽂을 곳에 벨벳 리본을 붙여 꾸민다.
04 양쪽 위로 장식을 달아 마무리한다.

연필꽂이 만들기

재료 긴 원통, 한지, 끈, 노리개, 장식, 풀, 칼

01 한지를 원통의 크기에 맞게 잘라 붙여준다.
02 밑 부분은 바람개비 모양으로 돌려가며 접어 붙인다.
03 속지를 잘라 원통 안에 넣고 같은 한지로 띠를 만들어 둘러준다.
04 끈을 둘러 매듭을 만들어 꾸민다.
05 노리개를 달아 장식하여 마무리한다.

이런저런 이유로 생기는
빈 원통들은 서랍이나
옷장의 작은 소품을 이용할 때나
책상 위의 문구류를 정리할 때
안성맞춤이다.
다양한 방법의 포장법이 있겠지만
한지를 붙여 꾸며 서재에 두면
고풍스러운 멋을 누릴 수 있다.

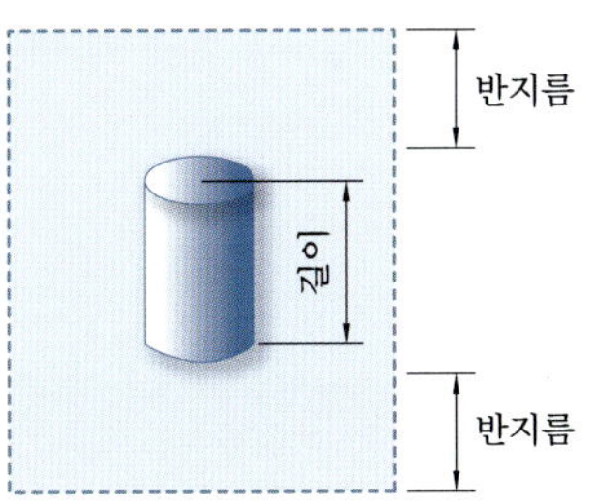

우유팩보석상자

우 유 팩 보 석 상 자

재료 우유팩, 한지, 칼, 풀, 펀치, 끈, 장식소품

01 알맞게 자른 우유팩의 4면을 칼등으로 그어준다.
02 1의 자국에 따라 우유팩을 안쪽으로 밀면서 접는다.
03 우유팩에 빈틈이 없도록 한지를 붙여준다.
04 위로 올라온 네 귀퉁이마다 펀치를 이용하여 구멍을 내준다.
05 매듭끈을 연결해 묶는다.

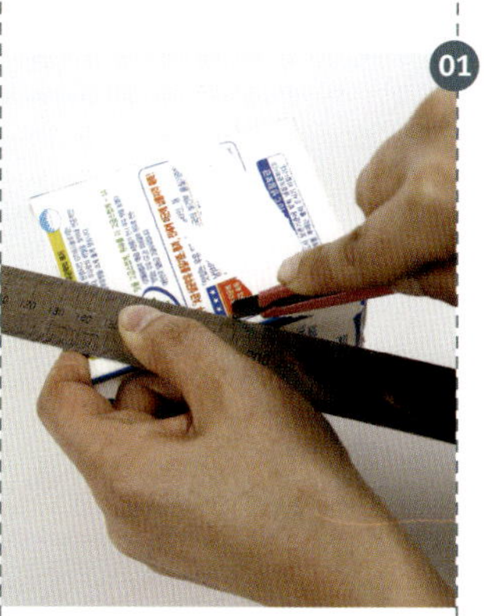

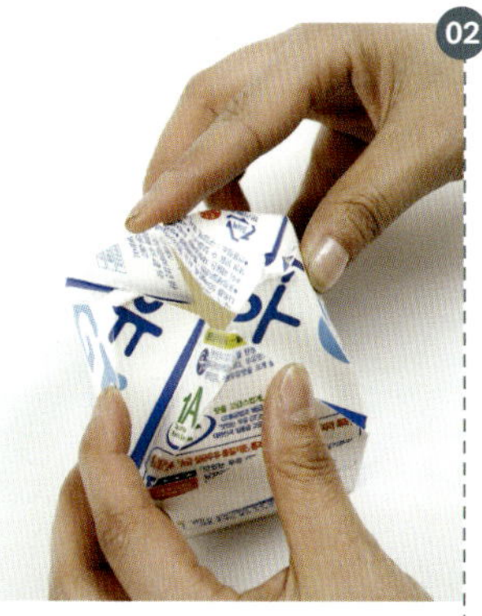

우유를 마시고 난 팩으로
보석함을 만들어 보았다.
우유팩의 용도는 아주 다양한데
깨끗이 씻어 크기에 맞게 잘라
한지를 붙이면 아주 근사한
보관함이 만들어진다.
코사지나 귀걸이 등의 액세서리를
보관해도 좋고 선물을 넣어
전해주어도 좋다.

복주머니 만들기

우리의 전통 옷에는 물건을 넣을 수 있는 주머니가 없어 따로 주머니를 만들어 가지고 다녔다. 근래에는 장식적인 용도로 주로 사용하고 있다. 여러 가지 색의 비단이나 무명이 쓰였고 형태는 각이 진 귀주머니나 둥그스름한 두루주머니가 있다. 예전엔 음력 설이나 정월에 새해맞이 선물로 친척이나 자손들에게 나눠주기도 했다.

재료 한지, 노리개, 장식 소품

01 같은 모양으로 잘라 접은 한지 2개를 만든다.
02 접힌 선을 따라 아랫부분을 접으면서 양쪽 귀 부분을 빼낸다.
03 윗부분을 복주머니의 형태가 되도록 접어 고정한다.
04 같은 것을 하나 더 만들어 한쪽 복주머니에 노리개를 고정한다.
05 다른 하나를 노리개 위에 붙이고 장식소품으로 꾸며 완성한다.

복 주 머 니 만 들 기

한지 공예란 한지로 여러 겹
덧발라 골격을 만들거나
미송 또는 오동나무에
여러 가지 전통 문양을
색지로 붙여 함이나 보석함,
예물상자 등의 생활용품을
만들어 썼던 것을 말한다.
한지 공예는 제작기법이
간단하고 화려하며
단아한 멋을 풍기고 있어
한국적 미를 가장 잘 나타내는
전통 공예의 하나이다.

단보루(딱딱한 종이)상자를 만들어 색이 고운 한지를 붙여주면 어디에서도
볼 수 없는 나만의 보석함이 만들어진다. 뚜껑 위에는 신성한 존재로서 장
수를 뜻하는 동물인 거북 문양을 붙여 기운을 불어 넣었다.
거북이뿐 아니라 다른 여러 문양을 넣을 수 있는데 보통 상서로운 의미를
가진 것들을 넣어 길흉화복을 바랬다.

찻잔받침 포장

재료 찻잔 받침, 한지, 양면 테이프

01 한지 위에 찻잔을 올려놓았을 때 양쪽 끝이 찻잔 중심 부분까지
   오도록 재단하여 찻잔을 올려놓는다.
02 모서리 부분을 먼저 접시 중심 부분에 오게 한 다음 돌려가며 주
   름을 접는다.
03 어느 정도 접어 한 쪽 모서리 부분이 삼각형 형태가 되도록 한 다
   음 접시에 고정시킨다.

식기류를 포장할 때는 코팅이 되어 있지 않은
부드러운 종이로 포장하는 것이 좋다.
이는 식기류의 미끄럼을 방지하기 위한 것으로
냅킨이나 한지 등 자연 섬유로 만든 종이를 사용하면
식기류의 보호와 함께 수분을 흡수할 수 있어
더욱 좋다.

찻
잔
포
장

보통 찻잔 세트는 상자에 있는 채로 포장해 주는 방법을 많이
쓰는데 한지를 이용하여 포장해도 꽤 멋진 포장이 된다.
먼저 찻잔 받침을 포장하고 그 위에 찻잔을 올려 다시 한 번 더
포장을 해 찻잔의 훼손을 막고, 포장의 멋을 한 번 더 부려보자.

재료 찻잔 세트, 한지, 노리개, 매듭

01 색이 다른 한지 두 장을 5㎜ 정도 보이도록 마름모꼴로 펼쳐
놓고 포장한 접시와 커피잔을 올린다. 한지를 재단할 때는 커
피잔 세트를 한지에 올려놓고 모서리 부분을 올려서 커피잔
중앙에 오도록 재단한다.

02 마주보는 한지의 양 끝을 올려 잡는다.

03 맞주름이 생기도록 한쪽씩 주름을 잡아준다.

04 두 가지 색으로 꼰 끈으로 묶어준 다음 노리개로 장식한다.

캐러멜 기본 포장

01 한지에 상자 중심을 맞춰 올리고 둘레의 시접 1㎝를 상자 중심에 오게 해 고정한다.

02 높이 부분을 90˚가 되게 눌러 상자 아랫부분까지 시접을 접어 고정시킨다.

03 한쪽은 캐러멜 모양처럼 반으로 접어준다.

04 앞, 뒤 뒤집어가며 주름을 1㎝ 간격이 되도록 접는다(재단방법은 상자둘레+2㎝(시접분) / 상자높이+1㎝ / 상자높이 / 2+1㎝로 주름을 접을 때는 상자 길이 재단과 같은 길이로 잘라 3, 5, 7 홀수로 주름을 접는다).

05 주름분을 상자 가운데 고정시켜 준다.

캐러멜 기본 포장

문양 오리기

재료 문양을 만들 종이, 스태플러, 칼

01 한지를 5장 정도 겹친 후 스태플러로 고정시킨다.

02 칼로 문양 안쪽부터 잘라낸다.

아름다운 여인들의 장신구

'노리개와 매듭,

노리개란

예전 여성의 몸치장에 쓰였던 것으로 한복 저고리 고름이나 치마허리 등에 다는 패물을 말한다. 특유의 화려함과 고급스러움으로 최근엔 본래의 용도 외에 선물 포장이나 다른 경우에도 많이 쓰인다.

고려시대 궁중에서는 물론 상류 사회와 평민층까지 널리 애용한 장식물이었고, 조선시대에서는 간단한 것은 일상생활에, 화려하고 고급스러운 것은 궁중의식이나 집안의 경사에 달았다.

노리개는 장식의 의미도 있었지만 부귀다남, 장생, 백사여의 등 그 시대의 행복관을 바탕으로 한 여인네들의 염원이 담겨 있는 것이기도 했다.

노리개의 종류

삼작 노리개_3개의 노리개를 한 벌로 꾸민 것으로 대삼작, 중삼작, 소삼작으로 나뉜다. 대삼작 노리개는 가장 크고 화려한 것으로 주로 궁중에서 사용하였고, 중삼작 노리개는 궁중과 상류계급이, 소삼작 노리개는 젊은 부녀자나 어린이들이 주로 사용하였다.

단작 노리개_삼작 노리개 중 한 개를 따로 달거나, 처음부터 하나로 만들어진 노리개를 말한다.

향갑 노리개_여러 가지 향가루를 섞어 고형으로 만들어 향주머니에 담거나 향갑에 담아 장신구로 몸에 지녀 은은한 향내를 풍겼다.

노리개의 색

12가지 색조를 사용했는데 삼작 노리개는 홍색·남색·황색의 3색을 기본으로 하고 분홍·연두·보라·자주·옥색 등을 쓰기도 했다. 노리개의 위쪽 다양한 매듭이 있는 부분은 짧은 저고리 길이와 비례하고 길게 드리운 술 부분은 치마 길이와 비례로 하여 일종의 함수 관계를 이룬다.

매듭

끈목을 사용하여 맺고 죄는 방법으로 여러 모양을 만드는 수법이나 만들어진 형태를 뜻하는 것이 매듭이다. 매듭은 끈목의 한끝을 매어 매듭지을 때, 끈목과 끈목의 끝을 서로 맞이을 때나 끈목을 다른 물체에 붙잡아 매거나 그 물체를 늘어뜨릴 때 또는 끈목의 길이를 단축시키기 위하여 그 중간을 동여매거나 어떤 물건을 묶을 때, 매듭의 구성으로 무늬를 만들어 장식용으로 쓰고자 할 때 사용된다.

전통공예

전통공예란

전통공예란 대부분 수공예품을 말하는 것으로 전통적 이미지를 담고 있는 공예품을 지칭하는 것이다.

하지만, 단지 옛 이미지만 차용한 공예품들까지 전통공예의 범주에 넣을 순 없을 것이다. 모름지기 전통공예에는 오랜 세월 전해 내려오는 민족 혼과 예술성, 실용성이 두루 담겨 있어야 한다.

최근 국가나 민족의 고유색을 나타내는 것들이 관심을 끌고 있는데 이러한 움직임은 급속한 산업화로 인한 대량생산과 획일성·합리성과 단조롭고 차가운 것에 대한 반발심에 더하여 전통적인 조형양식에 대해 새롭게 눈을 뜬 결과라고 할 수 있다. 또한 기능성과 함께 디자인에 관심이 높은 요즘은 제품의 기능적인 면뿐만 아니라 조형적인 면에서도 뛰어난 미적 감각을 보여주는 전통 공예품들은 훌륭한 본보기라고 할 수 있다.

전통공예의 종류

장승공예 _ 나무나 돌을 이용해 인면형, 귀면형, 미륵형 등을 만드는 것

한지공예 _ 한지를 이용하여 각종 생활도구 및 장식물 등을 만들어 사용

나전칠기 _ 자개를 무늬대로 잘라 박아 넣거나 붙이는 칠공예

매듭공예 _ 실을 꼬아 만든 매듭실로 여러 가지 모양을 엮어서 만드는 것

죽공예 _ 대나무의 탄력성을 이용하여 각종 생활 용품을 제작

자수공예 _ 바늘과 실을 이용하여 천에 무늬를 넣어 의상, 병풍, 주머니, 수저집 등 제작

도자공예 _ 청자, 백자 등 다양한 종류의 도자기를 만드는 것

목공예 _ 오동나무나 소나무 등을 이용하여 각종 가구를 만드는 공예

칠보공예 _ 금속판 위에 칠보 유약을 발라 구워 반지, 떨잠, 단추, 은장도, 비녀 등을 만드는 공예

우리 고유색에서 느껴지는

은은하고 기품있는 아름다움,

절제된 화려함과 정돈된 어우러짐을

전통 한지와 보자기를 이용한

선물 포장에서 해답을 찾을 수 있다.

마음을 전하는 선물의 의미에도

조상들의 혼과 문화를 담아 보자.

Nomenclature

Nomenclature

 클래식 선물포장

2007년 4월 10일 1판 1쇄
2010년 1월 25일 1판 2쇄

저 자 : 김혜정 · 최재연
펴낸이 : 남상호

펴낸곳 : 도서출판 예신
140-896 서울시 용산구 효창동 5-104
대표전화 : 704-4233, 팩스 : 715-3536
등록번호 : 제03-01365호(2002. 4. 18)
http://www.yesin.co.kr

값 12,000원

ISBN : 978-89-5649-051-9

*장소협찬 | 차와 향기 (032) 461-0431
만물 떡집 (032) 672-6996